建筑暖通工程设计
与安装措施探索

吴建国　李　平　孙　佳◎著

吉林科学技术出版社

图书在版编目（CIP）数据

建筑暖通工程设计与安装措施探索／吴建国，李平，孙佳著 . -- 长春：吉林科学技术出版社，2024. 8.

ISBN 978-7-5744-1805-9

Ⅰ. TU83

中国国家版本馆 CIP 数据核字第 202467T2U9 号

建筑暖通工程设计与安装措施探索

著	吴建国　李　平　孙　佳
出 版 人	宛　霞
责任编辑	王天月
封面设计	金熙腾达
制　版	金熙腾达
幅面尺寸	170mm×240mm
开　本	16
字　数	223 千字
印　张	14.25
印　数	1~1500 册
版　次	2024年8月第1版
印　次	2024年12月第1次印刷

出　版	吉林科学技术出版社
发　行	吉林科学技术出版社
地　址	长春市福祉大路5788 号出版大厦A 座
邮　编	130118
发行部电话/传真	0431-81629529 81629530 81629531
	81629532 81629533 81629534
储运部电话	0431-86059116
编辑部电话	0431-81629510
印　刷	三河市嵩川印刷有限公司

书　号	ISBN 978-7-5744-1805-9
定　价	86.00元

前　言

建筑暖通工程设计与安装是建筑领域中一个关键的专业分支，它直接关系到建筑物内部环境的舒适度、健康度及能源的高效利用。随着社会对可持续发展的重视，以及对建筑能效和室内环境质量要求的提高，建筑暖通工程设计与安装面临新的挑战和机遇。智能技术的快速发展使建筑暖通工程也开始向智能化、自动化方向转型。通过集成先进的传感器、控制器和信息管理系统，实现对建筑内部环境的实时监测和自动调节，提高室内环境的舒适度，同时优化能源使用，降低建筑的运营成本。

本书从建筑暖通理论介绍入手，针对暖通空调系统设计、建筑通风及防排烟设计进行了分析研究；另外对建筑供暖系统节能技术、建筑暖通空调施工安装基本知识做了一定的介绍；还对供暖通风工程施工安装工艺、室内外给排水施工安装工艺做了研究。本书具有很强的针对性和适用性，内容详尽精练、重点清晰、深入浅出、通俗易懂，适用于从事暖通空调设计与安装的工程技术人员，也可作为暖通空调专业的培训教材和相关人员的学习参考资料。

本书在写作过程中参考了相关领域诸多的著作、论文、教材等，引用了国内外部分文献和相关资料，在此一并对作者表示诚挚的谢意和崇高的敬意。由于建筑暖通工程设计与安装等工作涉及的范畴比较广，需要探索的层面比较广，本书难免会存在一定的不足和局限性，恳请前辈、同行及广大读者斧正。

目　录

第一章　建筑暖通理论

建筑供暖系统主要设计目的是保证建筑物室内卫生和舒适条件的用热需求。本部分的研究对象和主要内容，是以热水或蒸汽作为热媒的建筑物供暖（采暖）系统和集中供热系统。

第一节　建筑供暖工程

一、供暖系统热负荷

一个建筑物或房间存在各种获得热量或散失热量的途径，也存在某一时刻由各种途径进入室内的得热量或散出室内的失热量（耗热量）。当建筑物房间内的失热量大于（或小于）得热量时，室内温度会降低（或升高），为了保持室内适宜的温度，就要保持建筑房间内的得热量和失热量相等，即维持房间在某一温度下的热平衡。

冬冷夏热是自然规律。在冬季，由于室外温度的下降，室内温度也会随之下降，要使室内在冬季都保持一个舒适的环境就需要安装供暖设备，采用人工的方法向室内供应热量。这些补充的热量就成为供暖系统应承担的任务，即系统的负荷。

热负荷的概念是建立在热平衡原理的基础上的。供暖系统设计热负荷，即指在某一室外设计计算温度下，为达到一定室内的设计温度值，供暖系统在单位时间内应向建筑物供给的热量。热负荷通常以房间为对象逐个房间进行计算，以这种房间热负荷为基础，就可确定整个供暖系统或建筑物的供暖热负荷。它是供暖系统设计最基本的依据。供暖设备容量的大小、热源类型及容量等均与热负荷大小有关，因此，热负荷的计算是供热系统设计的基础。

（一）供暖建筑及室内外设计计算温度

1. 供暖建筑的热工要求

在稳态传热条件下，供暖系统设计热负荷可由房间在一定室内外设计计算条件下得热量与失热量之间的热平衡关系来确定，影响热负荷大小的因素有墙体的传热系数、室外气象条件及室内散热情况等。只要减小外墙面积、墙体传热系数、室内外温差就可以达到减小供暖系统负荷的目的，从而节约能源。

我国根据能源、经济水平等因素针对供暖能耗制定了一系列的节能规范和技术措施，其中对设置全面供暖的建筑物，规定围护结构的传热热阻，应根据技术经济比较确定，而且应符合国家民用建筑热工设计规范和节能标准的要求。同时，要求不同地区供暖建筑各围护结构传热系数不应超过规范规定的限值，建筑耗热量、供暖耗煤量指标不应超过规定的限值。

2. 室内外设计计算温度

（1）室外空气设计计算温度

室外空气设计计算温度是指供暖系统设计计算时所取得的室外温度值。建筑物冬季供暖室外计算温度，是在科学统计下，经过经济技术比较得出的。根据相关国家规范的规定，冬季供暖室外计算温度采用历年平均不保证五天的日平均温度。冬季供暖室外计算温度用于建筑物用供暖系统供暖时计算围护结构的热负荷。

（2）室内空气设计计算温度

室内空气设计计算温度的选择主要取决于：

①建筑房间使用功能对舒适的要求。影响人舒适感的主要因素是室内空气温度、湿度和空气流动速度等。

②地区冷热源情况、经济情况和节能要求等因素。根据我国国家标准的规定，对舒适性供暖室内计算温度可供用 16~25 ℃。

对具体的民用和公用建筑，由于建筑房间的使用功能不同，其室内计算参数也会有差别。

（二）热负荷

建筑物冬季供暖设计热负荷计算通常涉及的房间得热量、失热量有：

（1）建筑围护结构的传热耗热量。

（2）通过建筑围护结构物进入室内的太阳辐射热。

（3）经由门、窗缝隙渗入室内的冷空气所形成的冷风渗透耗热量。

（4）经由开启的门、窗、孔洞等侵入室内的冷空气所形成的冷风侵入耗热量。

（5）通风系统在换气过程中从室内排向室外的通风耗热量。

围护结构的耗热量是指当室内温度高于室外温度时，通过围护结构向外传递的热量。其他一些得、失热量，包括人体及工艺设备、照明灯具、电气用具、冷热物料、开敞水槽等散热量或吸热量，一般并不普遍存在，或者散发量小且不稳定，通常可不计入。这样，对不设通风系统的一般民用建筑（尤其是住宅）而言，往往只须考虑前四项就够了。

1. 围护结构的耗热量

在工程设计中，供暖系统的设计热负荷，一般由围护结构基本耗热量、围护结构附加（修正）耗热量、冷风渗透耗热量和冷风侵入耗热量四部分组成。

围护结构基本耗热量是指在设计条件下，通过房间各部分围护结构（门、窗、地板、屋顶等）从室内传到室外的稳定传热量的总和。附加（修正）耗热量是指围护结构的传热状况发生变化而对基本耗热量进行修正的耗热量。附加（修正）耗热量包括风力附加、高度附加和朝向修正等耗热量。

（1）围护结构基本耗热量

在计算基本耗热量时，由于室内散热不稳定，室外气温、日照时间、日射强度以及风向、风速等都随季节、昼夜或时刻而不断变化，因此，通过围护结构的传热过程是一个不稳定过程。但对一般室内温度容许有一定波动幅度的建筑而言，在冬季将它近似按一维稳定传热过程来处理。这样，围护结构的传热就可以用较为简单的计算方法进行计算。因此，工程中除非对室内温度有特别要求，一般均按如下稳定传热公式进行计算：

$$Q = \alpha F K (t_\mathrm{n} - t_\mathrm{w}) ,\ \mathrm{W}$$

式中，α——温差修正系数，见表1-1；

$\quad\quad F$——计算传热面积，m^2；

$\quad\quad K$——计算传热系数，应按设计手册的规定原则从建筑图上量取，$\mathrm{W/} (\mathrm{m}^2 \cdot \mathrm{℃})$；

$\quad\quad t_\mathrm{n}$——冬季室内计算温度，见《全国民用建筑工程设计技术措施：暖通空调·动力》，$\mathrm{℃}$；

t_w——供暖室外计算温度，见《民用建筑供暖通风与空气调节设计规范》,℃。

表 1-1 温差修正系数

围护结构特征		α
外墙、屋顶、地面及与室外相通的楼板等		1.00
闷顶和与室外空气相通的非供暖地下室上面的楼板等		0.90
非供暖地下室上面的楼板	外墙上有窗	0.75
	外墙上无窗且位于室外地坪以上	0.60
	外墙上无窗且位于室外地坪以下	0.40
与有外门窗的不供暖楼梯间相邻的隔墙	1~6 层	0.60
	7~30 层	0.50
与有外门窗的非供暖房间相邻的隔墙或楼板		0.70
与无外门窗的非供暖房间相邻的隔墙或楼板		0.40
伸缩缝墙、沉降缝墙		0.30
抗震缝墙		0.70

（2）围护结构附加耗热量

围护结构的附加耗热量按其占基本耗热量的百分率确定，包括朝向修正率、风力附加率和外门开启附加率。

①朝向修正率。不同朝向的围护结构，受到的太阳辐射热量是不同的；同时，不同的朝向，风的速度、频率也不同。因此，《民用建筑供暖通风与空气调节设计规范》规定对不同的垂直外围护结构进行修正。其修正率为：

A. 北、东北、西北朝向取 0~10%；

B. 东、西朝向取-5%；

C. 东南、西南朝向取-10%～-15%；

D. 南向取-15%～-30%。

选用修正率时应考虑当地冬季日照率及辐射强度的大小。冬季日照率小于35%的地区，东南、西南和南向的朝向采用-10%～0%，东西朝向不修正。当建筑物受到遮挡时，南向按东西向，其他方向按北向进行修正。建筑物偏角小于15°时，按主朝向修正。

当窗墙面积比大于1∶1时（墙面积不包含窗面积），为了与一般房间有同等的保证率，宜在窗的基本耗热量中附加 10%。

②风力附加率。建筑在不避风的高地、河边、海岸、旷野上的建筑物，其垂直的外围护结构应加 5%。

③外门开启附加。为加热开启外门时侵入的冷空气，对于短时间开启无热风幕的外门，可以用外门的基本耗热量乘以按表 1-2 中查出的相应的附加率。阳台门不应考虑外门附加。

表 1-2 外门开启附加率（建筑物的楼层数为 n 时）

一道门	$65\% n$
两道门（有门斗）	$80\% n$
三道门（有两个门斗）	$60\% n$
公共建筑的主要出入口	$500\% n$

注：1. 外门开启附加率仅适用于短时间开启的、无热风幕的外门。

　　2. 仅计算冬季经常开启的外门。

　　3. 外门是指建筑物底层入口的门，而不是各层各住户的外门。

　　4. 阳台门不应计算外门开启附加率。

④两面外墙附加率。当房间有两面外墙时，宜对外墙、外门及外窗附加 5%。

⑤高度附加率。由于室内温度梯度的影响，往往使房间上部的传热量加大。因此规定：当房间（楼梯间除外）净高超过 4 m 时，每增加 1 m 应附加 2%，但总附加率不应超过 15%。地面辐射供暖的房间高度大于 4 m 时，每高出 1 m 宜附加 1%，但总附加率不宜大于 8%。

⑥间歇附加率。对于间歇使用的建筑物，宜按下列规定计算间歇附加率（附加在耗热量的总和上）：仅白天使用的建筑物为 20%，不经常使用的建筑物为 30%。

2. 供暖设计热负荷的估算

根据《全国民用建筑工程设计技术措施暖通空调·动力》的规定，只设供暖系统的民用建筑物，其供暖热负荷可按下列方法之一进行估算：

（1）面积热指标法

当只知道建筑总面积时，其供暖热负荷可采用面积热指标法进行估算。

$$Q_0 = q_f F \times 10^{-3}$$

式中，Q_0——建筑物的供暖设计热负荷，kW；

F ——建筑物的建筑面积，m^2；

q_f ——建筑物供暖面积热指标，W/m^2，它表示每 $1\ m^2$ 建筑面积的供暖设计热负荷。

（2）窗墙比公式法

当已知外墙面积和窗墙比时，供暖热负荷可采用下式估算：

$$Q = (7a + 1.7)W \cdot (t_n - t_w)$$

式中，Q ——建筑物供暖热负荷，W；

a ——外窗面积与外墙面积（包括窗）之比；

W ——外墙总面积（包括窗），m^2；

t_n ——室内供暖设计温度，℃；

t_w ——室外供暖设计温度，℃。

考虑到对建筑围护物的最小热阻和节能热阻，以及对窗户密封程度随地区的限值，建议对严寒地区，将计算结果乘以 0.9 左右的系数；对寒冷地区，将所得结果乘以 1.05~1.10 的系数。

应指出的是：建筑物的供暖耗热量，最主要是通过垂直围护结构（墙、门、窗等）向外传递热量，而不是直接取决于建筑平面面积。供暖热指标的大小主要与建筑物的围护结构及外形有关。当建筑物围护结构的传热系数越大、采光率越大、外部体积越小或建筑物的长宽比越大时，单位体积的热损失，也即热指标值也越大。因此，从建筑物的围护结构及其外形方面考虑降低建筑耗热指标值的种种措施，是建筑节能的主要途径，也是降低集中供热系统的供暖设计热负荷的主要途径。

二、供暖系统的分类及特点

供暖系统基本可按以下几方面进行分类：

（1）供暖系统按使用热媒的不同，可分为热水供暖、蒸汽供暖、燃气红外辐射供暖及热风供暖等四类。

（2）供暖系统按系统的循环动力不同，可分为重力（自然）循环系统和机械循环系统。

重力循环供暖系统不需要外来动力，运行时无噪声、设备安装简单、调节方便，维护管理方便。由于作用压头小，所需管径大，只宜用于没有集中供热热源、对供热质量有特殊要求的小型建筑物中，特别适用于面积不大的一二层的小住宅、小商店等民用建筑。

比较高大的建筑，采用重力循环供暖系统时，由于受到作用压力、供暖半径的限制，往往难以实现系统的正常运行。而且，因水流速度小，管径偏大，也不经济。因此，对于比较高大的多层建筑、高层建筑及较大面积的小区集中供暖，都采用机械循环供暖系统。机械循环供暖系统，是靠水泵作为动力来克服系统环路阻力的，比重力循环供暖系统的作用压力大得多，是集中供暖系统的主要形式。

（3）供暖系统按供暖的散热方式不同，可分为对流供暖（散热器供暖）和辐射供暖两种。

三、供暖设备与附件

（一）散热器

1. 散热器基本要求

散热器是供暖系统重要的、基本的核心组件之一。水在散热器内降温向室内供热达到供暖的目的。散热器的金属耗量和造价对供暖系统造价的影响很大，因此，正确选用散热器对系统的经济指标和运行效果有很大的影响。

对散热器的要求是多方面的，可归纳为以下四方面：

（1）热工性能。同样材质散热器的传热系数越高，其热工性能越好。可采用增加散热面积、提高散热器周围空气流动速度、强化散热器外表面辐射强度和减少散热器各部件间的接触热阻等措施改善散热器的热工性能。

（2）经济指标。散热器单位散热器的成本（元/W）及金属耗量越低，其经济指标越好。安装费用越低、使用寿命越长，其经济性越好。

（3）安装使用和工艺要求。散热器应具有一定的机械强度和承受能力。散热器的工作压力应满足供暖系统的工作压力；安装组对简单；便于安装和组合成所需的散热面积；尺寸应较小，少占用房间面积和空间；安装和使用过程不易破损；制造工艺简单、适于批量生产。

（4）卫生和美观方面的要求。散热器表面应光滑，方便和易于消除灰尘。外形应美观协调。

2. 散热器种类

散热器以传热方式分：当以对流方式为主时（占总传热量的60%以上），为对流型散热器，如管形、柱形、翼形、钢串片形等；以辐射方式为主（占总传热量的60%以上），为辐射型散热器，如辐射板、红外辐射器等。散热器以形状分，有管形、翼形、柱形和平板型等。散热器以材料分，有金属（钢、铁、铝、铜等）和非金属（陶瓷、混凝土、塑料等）。我国目前常用的是金属材料散热器，按材质分主要有铸铁散热器、钢制散热器、铝合金散热器以及塑料散热器等。

（1）铸铁散热器

铸铁散热器的特点是结构简单、防腐性能好、使用寿命长、热稳定性好、价格便宜。

它的金属耗量大、笨重，金属热强度比钢制散热器低。目前，国内应用较多的为柱形和翼形两大类。

①柱形散热器。柱形散热器是单片组合而成，每片呈柱状形，表面光滑，内部有几个中空的立柱相互连通。按照所需散热量，选择一定的片数，用对丝将单片组装在一起，形成一组散热器。柱形散热器根据内部中空立柱的数目分为2柱、4柱、5柱等，每个单片有带脚和不带脚两种，以便落地或挂墙安装。其单片散热量小，容易组对成所需散热面积，积灰较易清除。

②翼形散热器。翼形散热器的壳体外有许多肋片，这些肋片与壳体形成连为一体的铸件。在圆管外带有圆形肋片的称为圆翼形散热器，扁盒状带有竖向肋片的称为长翼形散热器。翼形散热器制造工艺简单，造价较低；但翼形散热器的金属热强度和传热系数比较低，外形不美观，肋片间易积灰，且难以清扫，特别是它的单体散热量较大，设计时不易恰好组合成所需面积。

（2）钢制散热器

钢制散热器金属耗量少，耐压强度高，外形美观整洁，占地小，便于布置。钢制散热器的主要缺点是容易腐蚀，使用寿命比铸铁散热器短，有些类型的钢制散热器水容量较少，热稳定性差。

钢制散热器的主要类型有：

①闭式钢串片散热器，由钢管上串0.5 mm的薄钢片构成，钢管与联箱相连，串片两端折边90°形成封闭形。在串片折成的封闭垂直通道内，空气对流能力增强，同时也加强了串片的结构强度。

钢串片式散热器规格以高（H）×宽（B）表示，长度（L）按设计制作。

另外还有在钢管上加上翅片的形式，即为钢质翅片式散热器。

②钢制板式散热器。板式散热器由面板、背板、进出水口接头等组成。背板分带对流片和不带对流片两种板型。面板和背板多用1.2~1.5 mm厚的冷轧钢板冲压成型，在面板上直接压出呈圆弧形或梯形的水道，热水在水道中流动放出热量。水平联箱压制在背板上，经复合滚焊形成整体。为增大散热面积，在背板后面焊上0.5 mm厚的冷轧钢板对流片。

③柱式散热器与铸铁柱式散热器的构造相类似，也是由内部中空的散热片串联组成。与铸铁散热器不同的是钢制柱式散热器是由1.25~1.5 mm厚的冷轧钢板冲压延伸形成片状半柱形，两个半柱形经压力滚焊复合成单片，单片之间经气体弧焊连接成散热器。也可用不小于2.5 mm钢管径机械冷弯后焊接加工制成。散热器上部联箱与片管采用电弧焊连接。

④扁管式散热器采用（宽）521 mm×（高）11 mm×（厚）1.5 mm的水通路扁管叠加焊接在一起。两端加上断面35 mm×40 mm的联箱制成。扁管散热器的板型有单板、双板、单板带对流片和双板带对流片四种结构形式。

单、双板扁管散热器两面均为光板，板面温度较高，辐射热比例较高。带对流片的单、双板扁管散热器主要以对流方式传热。

（3）铜铝、钢铝复合型散热器

复合材料的散热器与钢质散热器类型相近。主要有柱翼形散热器、翅片管散热器、铜管铝串片式等形式。它们具有加工方便、重量轻、外形美观、传热系数高、金属热强度高等特点，但造价较钢质散热器高，不如铸铁散热器耐用。现以柱翼形散热器为例，其制作方法是：以无缝钢管或铜管为通水部件，管外用胀管技术复合铝制散热翼。

3. 散热器的选用及布置

散热器的布置应该力求做到使室内冷暖空气易形成对流，从而保持室温均匀；室外侵入房间的冷空气能迅速被加热，减小对室内的影响。散热器的布置应使管道便于敷设，缩短管道长度，以节约管材；同时减少热损失和阻力损失。散热器布置在室内要尽量少占空间，与室内装修协调一致、美观可靠。

（1）散热器的选用应遵循以下原则：

①散热器应满足供暖系统工作压力要求，且应符合现行国家或行业标准。

②采用钢制散热器时，应采用闭式系统，并满足产品对水质要求，在非供暖季节供暖系统应充水保养；蒸汽系统不应采用钢制柱形、板型和扁管等散热器。

③在设置分户热计量装置和设置散热器温控阀的热水供暖系统中，不宜采用水流通道内含有黏沙的铸铁散热器。

④采用铝制散热器、铜铝复合型散热器，应采取措施防止散热器接口电化学腐蚀。采用铝制散热器应选用内防腐型散热器，并满足产品对水质要求。且应严格控制采暖水的 pH 值，应保持 25℃ 时 pH 值值≤9。

⑤对于具有腐蚀性气体的工业建筑或相对湿度较大的房间（如浴室、游泳馆），应采用耐腐蚀的散热器。

⑥在同类产品中应选择采用较高金属热强度指标的产品。

（2）散热器的具体布置应注意下列事项：

①最好在房间每个外窗下设置一组散热器，这样从散热器上升的热气流能阻止和改善从玻璃窗下降的冷气流和冷辐射影响，同时对由窗缝隙渗入的冷空气也可起到迅速加热的作用，使流经室内工作区的空气比较暖和舒适。进深较大的房间宜在房间内外侧分别设置散热器。当安装布置有困难时可将散热器置于内墙，但这种方式冷空气常常流经人的工作区，使人感到不舒服，在房间进深超过 4 m 时，尤其严重。

②为防止冻裂散热器，两道外门之间的门斗内不能设置散热器。所以其散热器应由单独的立管、支管供热，且不得装设调节阀。

③梯间由于热流上升，上部空气温度比下部高，布置散热器时，应尽量布置在底层或按一定比例分布在下部各层。

④散热器一般应明装，简单布置。内部装修要求高的建筑可采用暗装。暗装时应留足够的空气流通通道，并方便维修。暗装散热器设置温控阀时，应采用外置式温度传感器，温度传感器应设置在能正确反映房间温度的位置。

⑤托儿所、幼儿园应暗装或加防护罩，以防烫伤儿童。

⑥片式组对每组散热器片数不宜过多。当散热器片数过多时，可分组串接（串联组数不宜超过两组），串接支管管径应不小于 25 mm；供回水支管宜异侧连接。

⑦汽车库散热器宜高位安装，散热器落地安装时宜设置防撞设施。

⑧有冻结危险的楼梯间或其他有冻结危险的场所，应由单独的立管、支管供暖。

4. 散热器安装

散热器组对后以及整组出厂的散热器在安装之前，应做水压试验。试验压力如设计无要求时应为工作压力的 1.5 倍，但不小于 0.6 MPa。检验方法：试验时间为 2~3 min，压力不降，且不渗不漏。

（二）膨胀水箱

1. 膨胀水箱的作用

膨胀水箱是用来贮存热水供暖系统加热的膨胀水量。在自然循环上供下回式系统中，它还起着排气作用。膨胀水箱的另一作用是恒定供暖系统的压力。

2. 膨胀水箱的种类及结构

膨胀水箱一般用钢板制成，通常是圆形或矩形。按位置高低可分为高位水箱和低位水箱。以圆形膨胀水箱构造为例，箱上连有膨胀管、溢流管、信号管、排水管及循环管等管路。

膨胀水箱有以下三种：

（1）开式高位水箱。适用于中小型低温热水供暖系统，结构简单，有空气进入系统腐蚀管道及散热器。一般开式膨胀水箱内的水温不应超过 95 ℃。

（2）闭式低位膨胀水箱。当建筑物顶部安装膨胀水箱有困难时，可采用气压罐形式。气压罐工作过程为：罐内空气的起始压力高于供暖管网所需的设计压力，水在压缩空气的作用下被送至管网。但随着水量的减少，水位下降，罐内空气压力逐渐减小，当压力降到设计最小工作压力时，水泵便在继电器作用下启动，将水压入罐内，同时供入管网。当罐内压力上升到设计最大工作压力时，水泵又在压力继电器作用下停止工作，如此往复。在水罐的进气管和出水管上，应分别设止水阀和止气阀,以防止水进入空气管道和压缩空气进入供暖管网。

(3)自动补水、排气的定压装置。由膨胀罐和控制单元(控制盘+补水泵)构成的装置。

3. 膨胀水箱的布置及连接

膨胀管与供暖系统管路的连接点在自然循环系统中,连接在供水总立管的顶端;在机械循环系统中,一般接至循环水泵吸入端;连接点处的压力,由于水柱的压力,无论在系统不工作或运行时,都是恒定的,因而此点也称为定压点。当系统充水的水位超过溢流水管口时,通过溢流管将水自动溢流排出。溢流管一般可接到附近排水管。

信号管用来检查膨胀水箱是否存水,一般应引到管理人员容易观察到的地方(如锅炉房或建筑物底层的卫生间等)。排水管用来清洗水箱时放空存水和污垢,它可与溢流管一起接至附近下水道。

在机械循环系统中,循环管应接到系统定压点前的水平回水干管上。该点与定压点(膨胀管与系统的连接点)之间应保持 1.5~3 m 的距离。这样可让少量热水能缓慢地通过循环管和膨胀管流过水箱,以防水箱里的水冻结。

膨胀水箱应考虑保温。在自然循环系统中,循环管也接到供水干管上,应与膨胀管保持一定的距离。在膨胀管、循环管和溢流管上,严禁安装阀门,以防止系统超压,水箱水冻结或水从水箱溢出。

(三)阀门

1. 温控阀

温控阀是一种自动控制散热量的设备,由两部分组成。一部分为阀体部分,另一部分为感温元件控制部分。当室内温度高于给定温度值时,感温元件受热,其顶杆就压缩阀杆,将阀口关小;进入散热器的水流量减小,散热器散热量减小,室温下降。

当室内温度下降到低于设定值时,感温元件开始收缩,其阀杆靠弹簧的作用,将阀杆抬起,阀孔开大,水流量增大,散热器散热量增加,室内温度开始升高,从而保证室温处在设定的温度值上。温控阀控温范围在 13~28 ℃,控制精度为 1 ℃。

2. 平衡阀

平衡阀用于规模较大的供暖或空调水系统的水力平衡。平衡阀安装位置在建筑供暖和空调系统入口的干管分支环路或立管上。

平衡阀有静态平衡阀（数字锁定平衡阀）和动态平衡阀（自力式压差控制阀、自力式流量控制阀两种），其特点如下：

（1）数字锁定平衡阀。通过改变阀芯与阀座的间隙（开度），来改变流经阀门的流动阻力以达到调节流量的目的。具有优秀调节功能、截止功能，还具有开度显示和开度锁定功能，具有节热节电效果。但不能随系统压差变化而改变阻力系数，须手动重新调节。

（2）自力式流量控制阀。根据系统工况（压差）变动而自动变化阻力系数，在一定的压差范围内，可以有效地控制通过的流量保持一个常值。但是，当压差小于或大于阀门的正常工作范围时，阀门打到全开或全关位置流量仍然比设定流量低或高不能控制。该阀门可以按需要设定流量并保持恒定，应用于集中供热、中央空调等水系统中，一次解决流量分配问题，可有效解决管网的水力平衡。

（3）自力式压差控制阀。用压差作用来调节阀门的开度，利用阀芯的压降变化来弥补管路阻力的变化，从而在工况变化时能保持压差基本不变，它的原理是在一定的流量范围内，可以有效地控制被控系统的压差恒定。用于被控系统各用户和各末端设备自主调节，尤其适用于分户计量供暖系统和变流量空调系统。

3. 自动排气阀

目前，国内生产的自动排气阀种类繁多，各具特色。它的工作原理，很多都是依靠水对浮体的浮力，通过杠杆机构传动力，使排气孔自动启闭，实现自动阻水排气的功能。

4. 冷风阀

冷风阀多用在水平式和下供下回式系统中，它旋紧在散热器上部专设的丝孔上，以手动方式排除空气。

此外，还有补偿器、集气管等设备，这里不再一一介绍。

第二节　建筑暖通空调冷热源

一、暖通空调系统冷源

广泛使用的空调系统冷源，依据制冷设备是消耗电能还是消耗热能实现制冷归为两类。

（一）压缩式制冷机的制冷原理

压缩式制冷机是消耗机械功实现制冷，机械功可由电动机来提供，也可由发动机（燃气机、柴油机等）来提供。

（二）压缩式制冷机的性能

1. 理想制冷循环

理想制冷循环是逆卡诺循环，由两个等熵过程和两个等温传热过程构成。理想循环的制冷系数为单位耗功量所获得的冷量。

理想制冷循环可看作无温差传热、无能量损失的可逆过程，其制冷系数和供热系数与制冷剂性质无关，而是取决于冷源温度和热源温度，且冷源温度的影响比热源温度的影响大。

2. 理论制冷循环

与理想制冷循环对比，理论制冷循环是不可逆过程。两个传热过程可看作等压过程，存在传热温差；蒸气的压缩过程在过热区进行，而不是在湿蒸气区内进行；用膨胀阀代替膨胀机存在两种损失：节流过程使制冷剂吸收了摩擦热，产生无益气化，降低了制冷量，损失了膨胀功。

二、暖通空调系统热源

（一）暖通空调热源设备原理及性能

蒸汽锅炉可供应一定压力的饱和蒸汽和过热蒸汽，将压力不超过 2.5 MPa 的锅炉称为工业锅炉，用于建筑中的锅炉属于工业锅炉中压力低的部分，而直接用于散热器供暖系统中的蒸汽，供汽表压高于 0.07 MPa 时称为高压蒸汽供暖；小于或等于 0.07 MPa 时，称为低压蒸汽供暖。

另外，蒸汽锅炉房属于压力容器，在选择锅炉房地址时，应严格遵守有关安全规程、规范，而且还要满足消防安全的要求。

当有两种不同水温要求的用户时，可以设两组外置换热器，而且在热负荷比较大时可以选用多台热水锅炉并联，共用外置换热器，运行调节方便灵活。外置换热器常压热水锅炉的缺点是一次循环水设有循环水泵，需要耗电和维护，不如内置换热器简单。

（二）热泵

蒸气压缩式热泵和吸收式热泵是以冷凝器放出的热量来供热的制冷系统。从热力学或工作原理上说，热泵就是制冷机。

空气源热泵系统包括空气—水式热泵机组（热源为外界空气，热分配系统为热水供暖系统）和空气—空气式热泵（热源为外界空气，热分配系统为热空气供暖系统）。

空气源热泵的冷凝器采用风冷方式，通过一个四通阀的转换，夏季制取冷风，冬季制取空调热风。

空气源热泵机组在制热工况下能效比较高，一般可达 2.0 以上，因此，它提高了电能供暖的经济性。对于温湿地区，空气源热泵机组在使用中最突出的问题是结霜，即蒸发器表面温度低于室外空气露点温度时，空气中的水蒸气就会在蒸发器上冷凝，出现"结露"，当蒸发器表面温度低于 0 ℃时，凝结水就会结冰，这也就是通常所说的"结霜"。因此，空气源热泵机组在冬季供暖时如果霜层结到一定厚度，应及时将霜除去，即所谓"除霜"。

（三）热源主要特点

1. 燃煤锅炉的污染

燃煤锅炉对环境的污染主要表现在烟尘的排放和灰渣。其中，烟尘是造成大气悬浮物的主要污染源，大气中造成酸雨的二氧化硫，90%来自燃煤；造成地球温室效应的二氧化碳，大部分也来自燃煤，还有氮氧化物等。另外，燃煤锅炉的灰渣，如果处理不当，可造成扬尘；除去脱硫的废水会造成酸性污染等。

我国的城市供热以燃煤为主，燃煤锅炉容量小、数量大、分布广、效率低，对环境污染危害大，能源利用率低。为改善对环境的污染，改善城市空气质量，燃油、燃气锅炉已成为空调冷热源的主要设备。

2. 燃油、燃气锅炉的主要特点

（1）燃气锅炉能改善城市的污染

采用燃气锅炉后，烟尘排放量为零；SO_2 排放量为零；NO_x 排放量燃气比燃煤减少 63.6%，比燃油减少 33%；CO_2 排放量燃气比燃煤减少 52%，比燃油减少 26%。燃气锅炉效率可达 90%，如燃煤锅炉改为燃气锅炉，热效率可提高 18%～20%，出力可提高 20%～30%，采用燃气锅炉对环保和节能有显著效果。

在电力生产方面，根据美国世界观察研究所的报道，燃气蒸汽联合循环电站造价可降低到燃煤凝汽式电站的一半左右；小型的可作为冷热电联产的发电装置。用天然气做燃料的发电，对环境也有极大改善，NO_x 可消减 90%，SO_2 排放量可以减少为零，CO_2 排放量可减少 60%。

（2）燃烧器的优劣决定燃气燃油锅炉的效率

双段滑动式燃烧器，只有一个喷油嘴，油枪喷嘴内有针阀可调节，根据负荷调节针阀开度，实现出力调节。对气体燃烧器，一般均为连续调节，即无级调节。

油气两用燃烧器既可使用气体燃料，亦可使用燃油。在燃料转换时，进行相应转换，不可同时使用两种燃料。

3. 电锅炉的发展概况及特点

（1）电力发展概况

过去我国用电紧张，供不应求，新建项目用电不但受到限制还须缴纳大量增容费。现在我国用电紧张局面已逐步缓和，作为生活和供暖用电的电热锅炉也越来越多地用作供热设备。随着我国电力供求的变化，近些年，各地电锅炉发展迅速，特别是有蓄热功能的电锅炉应用，对解决用电结构性供不应求，削峰填谷具有优越性。电力是比化石燃料更洁净、更有效率的能源，在能源利用密度大的城市，用电力替代化石燃料，可直接解决空气、水等的污染问题，是解决城市污染的较好办法。

（2）电锅炉的特点

电锅炉的优点是：电锅炉通过加热元件加热水，电能转化热能效率高，在使用地不排放有害气体和烟尘，不会产生灰渣，对应用场所无污染；能源转化效率高，换热系数高，损失小，一般电锅炉热效率可达98%以上；锅炉启停快，运行负荷调节范围大，调节速度快，操作简单；锅炉本体结构简单，安全性好；体积小，重量轻，布置灵活，占地小，基建投资费用低；采用计算机控制完全实现自动化。

其缺点是：在电价较高的地区，采用电锅炉的运行费用较高；电锅炉适用于电价较低、环保要求较高的地区（或实行峰谷电价地区）和电价低收费时段。我国的电力主要来自燃煤热电厂，实际上存在燃烧污染问题，尤其是将高质能低用，存在巨大的有用能的损失。

4. 热泵机组

（1）按室内侧换热空气源热泵可分为冷剂式、空气—水热泵机组。冷剂式系统单体机组规格小，适用于小型系统及分散式空调系统，布置灵活、噪声低，常用于居住建筑或改造工程，COP（能效比）较低。

（2）地源热泵的优点

属可再生能源利用技术。地源热泵主要是利用季节蓄能，冬季取热，夏季蓄热，最终须满足冷、热量的平衡。

（3）土壤源热泵的缺点

采用土壤源热泵系统的初投资较大，其地埋管换热器的费用一般是主机费用的两倍以上，另外，须考虑长年运行的地温冷热平衡问题，由于取热量和冷量不平衡造成土壤温度冷堆积或热堆积。

三、制冷剂性能及环保

（一）压力适中

制冷剂蒸发压力（温度）、冷凝压力（温度）的选择是由冷热源温度决定的，制冷剂在低温状态下的饱和压力宜略高于大气压力，既可避免空气渗入，又可减少压缩功；制冷剂的冷凝压力也不宜过高，既可减少设备的负重，又可减少压缩功。

（二）安全性

制冷剂的安全性主要从两方面考虑：毒性和可燃性。毒性分类由低到高排序为 A、B、C；可燃性由低到高分 1、2、3；因此共可分 9 个等级，如 A1 为低毒性、不可燃，C3 为高毒性、有爆炸性。

（三）二氧化碳（R-744）

二氧化碳（CO_2）是一种天然制冷剂，它无毒、不可燃，且 ODP 为零、GWP 较低。二氧化碳制冷剂在复叠制冷中仍有应用。目前正在进行超临界工况使用的研究，将来可能应用于汽车空调和复叠式制冷系统中。

（四）烃类物质

丙烷和异丁烷毒性低、性能好，且能效高、无 ODP 值、GWP 值低，但容易燃烧。在北欧，大约有 35% 的制冷机使用氢碳物质，已经将它们用于冰箱中。但美国受现今安全规范的制约，更加关注可燃性引起的安全问题。

四、热媒与冷媒温度

对于供暖水系统和空调水系统，热媒与冷媒的温度是系统重要的设计参数，它一方面影响末端装置的传热特性从而影响换热面积，另一方面影响流量的大小进而影响输送能耗和管道造价。同时，冷、热媒温度又影响输送过程的能量损失。

（一）热媒温度

1. 能源利用效率

对于燃煤锅炉，当排烟温度低于烟气的酸露点温度时，将产生结露、腐蚀、积灰等问题，一般锅炉排烟温度约为 150 ℃，所以可以认为热媒温度对燃煤锅炉的热效率几乎没有影响。对于燃气锅炉，尤其是燃气真空锅炉，热媒温度对排烟温度和锅炉的热效率有一定的影响。

从输送能耗与管网热损失方面分析，热媒温度越高，越可能采用大温差输送，则输送功减少，其输送能耗与温差变化率呈线性关系（管道根据同一比摩阻变化）；对干管网的热损失，由干管网热损失占总输热量的5%左右，所以热媒温度的变化对管网热损失所占份额影响不大。

2. 初投资

初投资主要体现在管材、换热站的板式换热器、用户末端装置上。

对干管材费用，热媒温度越高，其供回水温差越大，则管径越小，尤其是对于供热半径大的一次网，热媒温度对其管材费用影响较大。

对于板式换热器，它的最大优势是高效传热，传热系数一般都能达到5000~6000 W/（$m^2 \cdot \text{℃}$），而常用的铸铁散热器传热系数一般在6~9 W/（$m^2 \cdot \text{℃}$）之间，两者传热系数相差近千倍，则两者所需换热面积相差近千倍；而且板式换热器的传热系数受温度影响小，主要受流速的影响大，散热器与空气换热是自然对流的，其传热系数主要受热媒温度影响。如一次网热媒温度为130 ℃/80 ℃，二次网热媒温度分别为95 ℃/70 ℃、75 ℃/50 ℃，因为传热温差的变化，使两种二次网热媒温度所采用的板式换热器面积比值约减少两倍；而对于用户侧，因为热媒温度的变化，两种二次网热媒温度变化使散热器面积比值约增加1.6倍。显然因为热媒温度的变化，所需的散热器面积与板式换热器面积比值在供热系统所占份额是巨大的，从初投资角度看，与散热器投资比较，板式换热器投资可忽略。

从运行费用角度分析，如果能源利用效率高，则运行费用低。从上述分析可看出，对于集中供热系统，高热媒温度可显著减少初投资并减少输送能耗，所以对于以燃煤锅炉为热源的供热系统，应尽量提高用户系统的热媒温度，对于以燃气锅炉为热源的供热系统，其用户的热媒温度须根据上述分析方法经计算后确定。

3. 热媒温度与热舒适

对于散热器供暖，通过降低热媒温度、增大换热面积，不能显著改变室内平均辐射温度，而初投资有明显的增加。所以说对于散热器供暖系统，热媒温度对热舒适性没有明显的影响。即使对于辐射板供暖系统，也可使用高热媒温度获得大面积的低温表面来提高室内平均辐射温度。因此，热媒温度对热舒适没有显著影响。

4. 大流量小温差运行方式分析

冷热不均的热力失调发生后，为了解决失调问题，供暖用户增大系统的循环流量，以满足末端流量的需要，造成流量增大、温差减小现象。

另外，供热系统输配管网可调性能差，无论是干路或支路还是各建筑物的热力入口等处的阀门，不论其功能如何，一律采用普通阀门，调节效果不好，使用户采用大流量、小温差运行方式。

使系统各用户的流量按等比例增加，解决了个别用户流量不足的问题，但系统并没有从根本上解决水力失调的问题，形成不均匀热损失，造成能量的巨大浪费。大流量、小温差运行方式增大了管网管径和末端装置的换热面积，使供热系统初投资增大。

（二）冷媒温度与空调系统

有时对于超高层建筑，为了降低系统工作压力，采用冷水间接换热形式，使得高区冷水温度升高。冷媒温度不同，对制冷机的性能、系统的输送能耗、末端装置换热及空气处理工况产生一定的影响。

1. 小流量、大温差水系统能耗

在相同的回水温度下，供水温度越高，压缩机功耗越低；在相同供水温度下，回水温度越高，压缩机功耗越低。这是因为冷媒平均温度提高使蒸发温度提高，而减少压缩机功耗。因此，如果冷媒供水温度不变，大温差、小流量对冷源侧节能是有利的，但会增加末端装置的换热面积。

2. 温差变化对末端装置的影响

如果进入表冷器的空气流速不变、表冷器进水温度不变，供回水温差增大，进水量减少，表冷器的出风温度将升高。因此若要处理到相同的空气状态点，小流量、大温差运行方式须增加表冷器的换热面积。实际上，供回水温差的改变，使表冷器与所处理空气传热的对数平均温差发生改变，热工计算较为复杂，应该对表冷器进行详细热工计算，不能原封不动地使用原来的表冷器。通常因不同生产厂家的表冷器性能参数不同，选择表冷器时，应将所需不同参数提供给生产厂家，由生产厂家来配套选型。

冷媒温度提高，供回水温差不变，机器露点的干球温度略有提高；供回水温差增大，流量降低，须通过增加表冷器的换热面积，也可以接近小温差所处理的机器露点温度。

（三）独立新风系统与低温送风系统

1. 独立新风系统

（1）能源品位的问题

传统空调系统的表冷器同时排除室内显热负荷（余热）与潜热负荷（余湿），需要冷冻水温低于空气的露点温度，一般为 5~7 ℃的低温冷源。而在空调系统中，显热负荷占总负荷的 50%~70%；潜热负荷占总负荷的 30%~50%。占总负荷一半以上的显热负荷，原本可由高温冷源排走的热量，却随潜热负荷一起由低温冷源进行处理，造成能源品位上的浪费。如果采用高温冷源处理显热负荷，不仅使制冷装置的 COP 提高，同时也为使用低品位的天然冷源提供了条件。

（2）难以同时满足室内温湿度设计要求

利用表冷器排除室内的余热、余湿，空气处理的状态点只能在一定的范围内，冷凝除湿的本质就是靠降温使室内空气冷却到空气露点以下而实现除湿，因而降温除湿必须同时进行，两者之比很难随意改变。而室内的实际热湿比在较大的范围内变化。一般室内的湿负荷来源于人体，当室内人数不变时，潜热量不变，但是显热量随气候等条件的变化而大幅度变化，这种热湿比的变化难以与表冷器有限的空气处理状态点的变化相适应，造成室内相对湿度偏高或偏低现象。当室内热湿比线过小时，要满足室内湿度在允许范围内，须对空气进行再热处理，则造成冷热量的抵消，严重浪费了能量。

这些潮湿表面就成为霉菌繁殖的场所，尤其是空调停机后。空调的任务之一就是降温除湿，对空气除湿不可避免地要产生潮湿表面，若避免空调在湿工况运行，或减少空气与湿表面接触的机会，就减少了因为空调的广泛使用而产生的健康问题。

另外，空调系统的空气过滤器，是改善空气品质的最有效措施。空气过滤器本身不是污染源，真正的污染源是其上滤集的颗粒物。在早晨刚开机时，随送风进入室内。形成一段时间的高污染物浓度。如果要求新风去消除室内余湿，对室内空气处理到更低的焓值来消除所有的湿负荷，而室内末端装置只是消除余热。

2. 低温送风系统

（1）节省了建筑空间与系统费用

送风量减小，使空气处理设备的体积减小，同时风管及其配套系统设施及规格减小，节省了初投资。

（2）节省了输送能耗和满足电力需求

在当前提倡"削峰填谷"的电力政策下，峰谷电价差别越来越大。通过冰蓄冷技术夜间使用便宜的低谷电价，采用低温送风系统减小白天尖峰时段高价需电量，并减小了制冷机的容量。

根据新有效温度的概念，相对湿度降低时，室内干球温度可提高，并可获得同等舒适度。例如温度为 25 ℃、相对湿度为 50% 的室内空气状态约与温度 26 ℃、相对湿度 30% 的室内空气状态的热感觉相同，而室内设计温度提高，不仅降低了室内冷负荷，也降低了空气处理能耗。

3. 独立新风系统与低温送风系统的对比

独立新风系统与低温送风系统作为空调新技术有着共同的目标，即以最小的能耗与经济代价创造舒适的室内环境。

在室内环境方面，独立新风系统对室内显热和潜热分别进行控制，能满足不同热湿比变化的室内热湿环境。尤其是减少了由于空气湿表面造成的室内空气生物性污染，提高了室内的空气品质。低温送风系统从降低室内湿度方面提高了人体热舒适和室内空气品质。

在节能方面，独立新风系统主要体现在两方面：一方面，采用高温冷冻水，提高了制冷机的性能系数，并且为采用天然冷源创造了有利条件；另一方面，采用了冷冻水作为输送介质，减少了输送能耗。低温送风系统强调采用大温差、小流量输送空气减少输送能耗，但低温冷冻水的制备使制冷机的性能系数降低而使节能受到影响，当采用冰蓄冷系统时，低温送风系统的优势得到充分发挥，并缓解了电力高峰需求。

在运行费用方面，独立新风系统因为制冷机性能系数的提高、天然冷源的应用及输送能耗的降低而减少了运行费用；低温送风系统因输送能耗降低而节省了运行费用，尤其是采用冰蓄冷的低温送风系统利用"峰—谷"电价差而减少了运行费用。

如果采用以冰蓄冷作为冷源的独立新风系统，由于同时采用了低温送风大温差技术，使两者有机地结合在一起，将会焕发出新的更加强大的生命力。

第二章　暖通空调系统设计

设计是一种社会文化活动。设计既是创造性的，类似于艺术的活动；同时，它又是理性的，类似于条理性科学的活动。设计是人们为满足一定的需要，精心寻找和选择满意的备选方案的活动，这种活动在很大程度上是一种心智活动、问题求解活动、创新和发明活动。许多设计活动是在一定组织环境中进行的，而这种设计活动的设计方法则要运用各种组织起来的知识，其中包括科学知识、工艺技巧知识、组织管理能力等。

通过该内容的学习，从对设计哲理、设计技能、设计过程、设计任务、设计方法的认识和理解，以及对实际设计领域中遇到的问题的解决，全面提高学生的问题求解能力、创新能力及组织与协调能力。

第一节　暖通空调设计与其他专业的配合

一、暖通空调设计

暖通空调的设计原则：暖通空调设计在负荷设计规范的基础上根据建筑物的用途、工艺和使用要求、冷热负荷构成特点、环境条件及能源状况等，结合国家有关安全、环保、节能、卫生等方针政策，会同有关专业人员通过技术、经济比较确定。在设计中，优先采用新技术、新工艺、新设备、新材料。

（一）设计前的准备工作

暖通空调设计之前应熟悉国家有关规范、标准、工程概况、土建资料和设计任务，阅读相关参考书籍等。

1. 熟悉暖通空调设计与施工的有关规范和标准

国家、部委颁发的设计类规范是设计人员必须严格遵循的基本规范。一个工程的施工图设计还应尽可能满足有关施工的规范和要求。

2. 原始资料的收集与准备

在原始资料准备阶段要明确下面一些内容：

（1）建筑物的性质、规模和功能划分，这是分区和选择空调系统的依据，也是选择空调设备类型的依据之一。

（2）建筑物在总图中的位置及其周围建筑物布置、管线铺设的情况，作为计算负荷时考虑风力、日射等因素及决定冷却塔位置、管道外网设置方式的参考。

（3）建筑物层数、层高、总高度，判断其是否属于高层建筑。高层建筑和普通建筑之间在防火设计方面有重要的区别，且应遵循高层民用建筑防火设计的有关条款。

（4）建筑防火分区、防烟分区的划分，防火墙、防火窗的位置及火灾疏散路线，便于设计防排烟系统及决定防火阀的位置。

（5）其他专业如电气、给水排水、消防、通信、结构和装修的要求及初步设计方案，便于与其他专业协调，减少今后施工中的矛盾。

（6）业主对空调系统的具体要求，考虑其合理性并提出参考意见。

（二）暖通空调工程设计的任务

暖通空调工程设计主要指建筑物的供暖、通风与空调系统的设计。供暖系统设计包括建筑物供暖热负荷计算，系统形式的确定，供暖设备、管道材料及保温、分户计量与控制等的设计；通风系统设计包括通风形式的选择、通风量（含局部排风、局部送风）的计算、通风设备（工业建筑中的除尘净化设备）的选择等；空调系统设计包括冷（热）负荷计算、冷热源选择、空调设备的选择、风系统与水系统设计等。

该部分主要针对空调工程的设计任务进行详细论述。

现代空调系统不仅要满足建筑室内环境对空气参数、品质的要求，而且和防火、排烟、通风、电气、消防等有非常重要的联系。所以，空调设计所要完成的任务是多方面的，可归纳为以下四个主要方面：

1. 夏季冷风、冬季热风空调系统设计

夏季冷风、冬季热风空调系统是空调系统设计的重点和难点，此部分既有空调风系统设计，又有空调水系统设计。风系统设计包括送风、回风、进风和排风系统设计，风机盘管加新风系统的新风送风系统、风机盘管送回风系统的设计，各种风机、风口的选择，风管的消声、安装及保温要求等。水系统设计包括冷冻水制备与输送、冷却水循环及制冷站内的附属设备的设计等。

2. 机械通风系统设计

如果严格区分，机械通风系统和冷热风系统不应归于同一类别。机械通风系统是指机房、库房、配电室、卫生间等辅助性房间的机械送风、机械排风、机械补风系统。这部分内容较多，在建筑内较分散，但起的作用不能忽视，对整个工程的设计都将产生影响。

3. 防火及排烟系统的设计

防火排烟系统也是消防系统，特别是高层建筑消防系统不可分割的组成部分。如果建筑没有发生火灾，防火排烟投入使用的可能性为零；但是要看到防排烟的潜在价值。消防系统的合格与否，也直接关系到整个工程的最终验收。

4. 暖通空调自动控制系统设计

暖通空调自动控制系统是整个系统的指挥中心，是保证系统高效、合理、节能运行的关键。在设计过程中，暖通设计人员应协助电气及自控设计人员，完成自动控制系统的设计，并使系统达到最佳功能。

（三）暖通空调工程设计的过程

由于篇幅有限，该部分主要针对空调工程进行详细论述。

空调工程设计一般由方案设计、初步设计（或扩大初步设计）和施工图设计三个阶段组成。空调工程设计过程是一个由粗到细、由整体到部分且不断深入和完善的过程。

1. 空调方案设计

在建筑专业方案设计阶段，就应配合建筑专业设计人员完成空调方案设计。方案设计是空调设计中的重要组成部分，将为后面的设计打下坚实的基础。方案设计阶段要做必要的准备，主要考虑中央空调风水管道铺设路线、设备所占用的空间位置、竖井位置等。主要工作程序和内容如下：

（1）了解建筑规模、业主要求、房间的使用功能。

建筑规模。建筑方案及功能确定后的建筑规模是空调方案选择中的一个主要依据，应首先确定是采用中央空调系统，还是分散的空调系统。一般来说，大、中型高层民用建筑目前较多采用了中央空调系统；只有一些较低层或者使用空调较为分散的建筑，才采用分散式空调系统。

业主要求。业主要求是设计依据之一。根据建筑规模和功能等方面的要求确定建筑的空调通风方案并向业主解释各种方案的优缺点。设计人员尽可能满足业主提出的要求，但是要在符合设计原则的前提下满足。如果设计人员与业主的观点有矛盾，应在充分协商的基础上妥善解决。

房间使用功能。房间使用功能对于空调系统设计是相当重要的，不同功能的建筑及各种使用房间应采用不同的系统形式。一般来说，中央空调系统对于各类高层民用建筑大都是较为适合的，但就建筑内部的各种不同使用功能的房间而言，则空调风系统会有不同的方式。

（2）确定室内外设计参数及冷热负荷的估算指标。估算整个建筑以及各层的冷热耗量。

（3）与建筑专业配合，提出主机房、空调机房、风机房的位置与面积，管井和风井的位置与面积，建筑层高，估计水、电用量并与电气专业初步配合。

机房分为主机房、空调机房和风机房。主机房一般指冷、热源设备机房（包括水泵）。机房面积和层高与冷热源设备形式有直接的关系。空调机房指的是分布在各层空调区域的设置空气处理机组的房间，其面积与空调风系统的设置方式、空调机组的尺寸与所选的型号及功能有关。风机房面积没有固定的比例，它与风机的类型及布置管道有较大的关系。管道式风机吊装较落地离心式风机节省占地面积。

就冷源来讲，一般情况下，采用离心式冷水机组时，冷冻机房面积为总建筑面积的 0.8% ~ 1.2%；采用往复式机组时，此比例为 1% ~ 1.4%；螺杆式机组的比例介于上述两者之间；而采用吸收式机组时，1.5% ~ 2%。

在暖通空调系统中，有许多垂直设置的风道及水管，这些都需要占用一定的面积。无论是水系统还是风系统，如果每层水平布置，管道井占用面积都是最小的（一般只需要主立管管井）。但如果管道垂直式布置，则部分支立管需要管井。因此，系统形式决定了竖井面积。例如采用水平式系统时，空调管井面积约占总建筑面积的 0.5%；而采用垂直式系统时，此比例可能达到 2% ~ 3%。每个疏散楼梯及消防前室的加压送风竖井需要 0.8 m² 左右，每层机械排烟竖井面积占该层建筑面积的 0.1%~0.2%。

建筑层高的决定与许多因素有关。它与吊顶下净高、房间管道的布置及送风方式、电气和给排水的管道布置有一定关系。例如采用全空气系统时，暖通专业要求的管道净空间高度为 400~500 mm。而采用风机盘管时，如果结构为框架形式，风机盘管可位于梁底标高之上布置，则从梁底计算所要求的梁底下净空间在 300 mm 左右（设置水管）。如果采用侧送风方式，则可以使局部吊顶降低而主要使用区域的吊顶提高。主机房是全楼空调管道最集中的地方之一，且管件大、阀件多，因此须占用较多的空间，初步设计时应配合建筑专业确定主机房的净高。

（4）确定方案，编写方案说明。

2. 初步设计

方案设计通过有关部门审批后，可开始初步设计。初步设计的主要工作程序如下：

（1）空调设计计算。

根据已定方案确定出初步设计的条件，对各空调房间进行冷热负荷的估算；初步选定空调设备的型号及主要管道的规格；合理布置机房。

（2）确定系统与设备的初步布置方案，主要是确定管道的走向、管径等。

（3）专业配合，互提资料。

（4）绘制图纸和编写设计说明。

3. 施工图设计

施工图设计要严格遵守相关规范和标准，做好工作协调。施工图设计的一般工作程序和内容如下：

（1）研究初步设计审批意见，调整设计方案，制定统一的技术条件

统一的技术条件是指在同一个工程中，要有完整、统一的图例、图样比例、图幅、图样表达深度、计算方法、单位制、设备管道连接安装方式、系统及设备的统一标号等。

（2）做好专业协调。

（3）设计计算。

设计计算是施工图设计的基础和依据。在初步设计阶段，各种计算均按估算

指标进行，对具体工程来说，这些指标有其不合理之处。因此，施工图设计阶段要进行详细的设计计算。一般来说，计算内容如下：

①冷、热负荷及湿负荷计算。

②各系统的空气处理过程计算、系统风量（包括送风量、回风量、新风量、排风量）计算。

③风量平衡校核计算。

④空气处理设备的选择与校核计算。

⑤气流组织计算。

⑥通风防排烟设计计算。

⑦风管与水管的水力计算。

⑧冷热源设备的选择计算。

⑨消声与减振计算。

（4）绘制图纸和编写设计说明。

（四）初步设计、施工图设计内容和设计深度

施工图设计的第一原则就是遵循已审批的初步设计。除非初步设计存在重大的原则性问题或者业主使用要求发生变化等重大原因，否则，施工图设计中不宜对初步设计所确定的基本方案及原则进行大的修改。但是，施工图毕竟是与初步设计不同的阶段，在这一阶段中，对初步设计做一些变更是完全正常的，这些正常的变更是把初步设计落实到实际的重要一环，是对初步设计的补充和完善。

1. 施工图设计与初步设计的不同之处

（1）计算方法不同。

在初步设计中，各种计算都是建立在估算基础上的。由于大多数是套用某些指标，而对一个具体工程（或房间）而言，这些指标并不一定是完全合理的。因此，施工图要求所有的计算都必须是针对具体对象进行详细的精确计算，作为施工图设计的基础。

（2）设计深度不同。

初步设计以管道和设备的大致布置及走向来表示，并不精确定位。施工图则要求所有空调系统中的任何设备、附件及管道等，都必须有精确的定位及尺寸大小。

在表达方式上也是不一样的。初步设计中只表示主要设备及管道，且管道均可用单线图表示，但施工图中通常水管用单线表示，而风管以双线表示。由于表达方式更加深入，因此，施工图的具体工作量相对来说更大。

（3）各专业的配合更密切。

由于施工图是最终的施工依据，因此要求各专业人员在施工图设计过程中，进行更详细、更深入的配合，如土建留洞大小、各专业管道的高低及平面位置、管道综合、吊顶高度及与装修的配合等。

2. 初步设计的设计深度

设计深度应满足政府主管部门的有关规定、设计合同的约定，以及业主对该工程的具体要求。初步设计成果包括设计图纸和设计说明。

（1）初步设计的图纸及要求。

①空调水路系统图（包括冷、热源）；

②空调风路系统图；

③防排烟系统图；

④各层平面图；

⑤主要机房平面图。

在绘制平面图的过程中，对于较复杂的平面，为了使设计清晰，空调系统中的风管及水管平面宜分别绘制。只有在风管及水管较少时，才把它们绘制在同一张平面图中。

在风管平面图绘制时，由于本专业初步设计主要强调系统及设备、管道布置及走向方式，因此图纸的表达可以相对简化，风道用单线（粗线）绘制即可。但是，图纸的简化并不能代替工作深度的简化，各种设备及管道布置和管道走向能否符合实际或是否可行，应在这一过程中具体地排列，做到心中有数。

各种平面图（包括机房平面图）中，大尺寸的管道宜标注其尺寸及安装高度，以利以后施工图设计时控制相关的空间高度。平面图中还应注明各设备（或系统）的编号等内容。

（2）设计说明内容及要求。

设计说明中主要包括四大部分，即设计说明、主要设备材料表、主要设计指标及耗量、遗留及待审批时解决的问题。

①设计说明。

在设计说明中，应包括设计依据，设计范围及内容，室外气象参数，设计标准，空调水系统及风系统形式，空调自动控制系统的选择，空调冷、热耗量及冷、热媒参数，消声、减振措施，防排烟系统的运行说明，风系统的防火，建筑热工要求，管道材料及保温，环境保护措施及节能措施，等等。

②设备材料表。

内容包括主要设备（如冷水机组、水泵、空调机、热交换器、冷却塔、风机、风机盘管等）的性能参数、使用数量及使用地点、主要附件（如电动风阀及水阀、排风扇等）及材料的性能要求等。

③主要设计指标。

内容包括冷、热耗量及其单位面积指标，空调设备电气安装容量及面积指标，蒸汽耗量（或加湿量），整个建筑的风平衡（进、排风量及其差值），以及其他经济技术指标。

④遗留问题。

与施工图相比，初步设计并不能完全深入，因此在初步设计过程中及其完成后，必然存在一些需要在以后阶段解决的问题。例如需要提请市政主管部门或初步设计审批部门审查的问题，需要市政部门配合解决的问题（如热源、气源等），需要业主注意或尽快答复及解决的问题，以及需要在施工图中各专业进一步详细配合解决的重大问题，等等。

3. 施工图设计深度

施工图在初步设计基础上进行，内容以图纸为主，包括图纸目录、施工图设计说明、设备材料表和图纸。施工图设计文件的深度应满足施工安装、编制施工图预算、设备订货和非标准设备制作、进行工程验收等项要求。施工图设计应力求完整、准确、清晰、无误。

（1）施工图图纸及深度。

施工图图纸通常分为基本图和详图。基本图主要指平面图、剖面图、轴测图、原理图等；详图主要指系统中某局部或者部件的放大图、加工图和施工图等，如果详图中采用了标准图或其他工程图纸，那么在图纸目录中必须附有说明。

①平面图。

这里所说的平面图是指与建筑平面相一致的各层平面图，包括各种机房的平面放大图。平面图主要说明通风空调系统的设备、系统风道、冷热媒管道、凝结水管道的平面布置；冷冻机房平面图主要体现制冷机组的型号和台数及其布置；冷热媒管道的布置；各设备和管道上的配件的尺寸大小和定位尺寸。所以，平面图的绘制应满足下列要求：

A. 平面图中应有建筑布置、房间分隔、房间名称（或编号）、轴线号及轴线间距尺寸，首层平面图中还应有指北针。

B. 应标注各种管道及设备的定位尺寸，此定位尺寸通常应以建筑轴线或承重墙来定位以利施工安装。

C. 在多数工程中，风道施工与水管施工通常分属于不同的施工部门，因此风管和水管宜分开各自绘制平面图。

D. 标明风口位置、尺寸，可能时标出各风口的设计风量。

E. 当平面图无管道重叠时，管道及设备安装标高可直接在平面图中注明（可以本层地面为基准），这样对施工较为方便。但管道交叉较多或有重叠而无法在平面图上清晰表达时，应画出局部剖面图来表达。

F. 标注设备编号。对于风管及水管断面，应标注其断面尺寸及管道性质，同时对风管还应标出其所在风系统的编号。

G. 平面图的比例一般以 1∶100 为宜，最小不应小于 1∶200。机房的平面放大图比例宜采用 1∶50，特殊情况下可以适当放大。

②剖面图。

当平面图无法表明某些信息时，需要绘制剖面图。剖面图应绘制出对应用于机房平面图的设备、设备基础、管道和附件的竖向位置、竖向尺寸和标高。标注连接设备的管道尺寸；注明设备和附件编号以及详图索引编号。

③系统轴测图。

系统轴测图采用的坐标是三维的，其主要作用是从总体上表明系统的构成情况及各种尺寸、型号、数量等。图中应包括系统中设备、配件型号、尺寸、数量以及连接于各设备间的管道在空间的曲折、交叉、走向和尺寸、定位尺寸等。系统轴测图上还应注明该系统的编号。通过系统图可以了解系统的整体情况。系统轴测图主要有风系统轴测图、冷冻水系统轴测图、冷却水系统轴测图、凝结水系统轴测图，其中水系统图可以在一张图纸中体现出来。系统图中，各种管道及设备连接的相对位置应与平面图相符合。水系统图中，还应注明各管段的管径且与平面图相对应。规模较大的建筑，其冷、热源系统可与全楼空调水系统分开绘制。系统图中各种自控元件（如电动风阀、电动水阀等）应有所表示。

④控制原理图。

控制原理图一般包括有冷源和热源系统的控制、空调机组的控制、风机盘管控制和风机控制等内容。所有受控或控制设备及其元器件在图中应表示出来。说明控制要求（也可在设计说明中提出），并列出各系统的被控参数值。

⑤设备表。

A. 设备表应详细列出该工程所有设备的技术要求，并根据与业主的协商，可对部分特殊或专用设备向业主推荐合理的型号。

B. 冷水机组的主要技术要求有：制冷量及其工作条件（如冷冻水进出水温度、水冷式机组冷却水进出水温度、风冷式机组进风温度等）、使用冷媒种类、机组耗电量限制、机组外形尺寸限制、蒸发器及冷凝器水阻力限制、水侧工作压力要求、使用电源规格以及须和业主及厂商协商的供货范围等。

C. 水泵在设备表中应列出的主要技术要求有：水泵形式、水泵流量及扬程、电机功率限制、电机转速、设计点效率、水泵工作压力（或吸入口压力）、电源规格等。

D. 风机盘管在设备表中应列出的参数有：风机盘管形式、水管接管方向、风量、余压、冷（热）量及工作条件（进、出水温及进风干、湿球温度）、电量、噪声限制、接管管径及工作压力等。

E. 空调机组在设备表中应列出的参数：机组形式（卧、立式）、出风口位置、水管接管方向、冷（热）量及其工作条件、加湿量、风量、机外余压、电机电量、机外噪声及出风口噪声限制、组合式机组功能段要求、盘管水阻力限制、机组外形尺寸限制、盘管工作压力等。

F. 热交换器的要求参数为：一次热媒及二次热媒的性质及温度、换热量、热交换器型式、一次及二次热媒水阻力限制及工作压力要求、外形尺寸等。

G. 风机在设备表中所列参数有：风机形式（管道式、屋顶式或落地离心式)、风量、风压、电量、转速、噪声等。对落地式离心风机,还要列出风机方向及出口角度以及减振配置。

H. 冷却塔参数:冷却塔形式、处理水量及工作参数(冷却水进出水温及室外空气湿球温度)、风机电量限制、外形尺寸限制、噪声要求等。

(2) 设计及施工说明。

设计说明是对整个工程施工图设计的总体描述,让施工单位有一个整体概念;施工说明则提出一些施工过程中应注意的统一技术要求。设计施工说明应包括下面的内容:

①设计内容。

设计内容通常表达本施工图设计所针对的工程的名称及其所包括的设计范围与具体内容,以及相应的建筑面积、空调面积等。

②设计依据。

设计依据一般含有以下内容:

A. 设计采用的规范名称。

B. 遵循初步设计的有关原则。

C. 各市政部门对初步设计的审批意见。

D. 业主的有关要求及协商意见。

E. 各专业有关设计资料及要求。

在列出上述内容时,应尽可能完整,如规范名称及编号、审批文件的名称及编号。业主的要求也最好有正式的公文,以利今后工作。

③室内、外设计计算参数。

A. 室外气象条件应按规范选择其中主要的有用部分列出。

B. 室内设计参数包括空调房间的温度、湿度、新风量及噪声等要求,以及非空调房间的换气量(或换气次数)等。

④空调水系统设计。

A. 空调水系统的冷、热耗量及单位面积耗量指标、空调设备电气安装容量及单位面积指标。

B. 空调水系统冷、热源的形式及参数。

C. 冷、热源设备的配置。

D. 水系统的分区以及系统特点说明。

⑤空调风系统设计。

A. 全楼各处所采用的不同空调风系统的划分及形式等。

B. 机械排风、补风系统的设置方式。

C. 特殊空调及通风系统的说明。

⑥空调节能及自动控制。

A. 空调节能设计介绍，包括节能措施、建筑热工参数等。

B. 对自动控制系统的要求。

C. 结合控制原理图介绍各控制设备及系统的功能要求（此部分也可放在自动控制原理图中说明）。

⑦防火及排烟设计。

A. 防火阀的设置及联锁控制的内容。

B. 排烟系统的设置方式及原则、具体的设置位置及排烟量的考虑。

C. 加压送风系统的设置方式及原则，加压送风量的计算方式及原则。

⑧施工安装。

施工安装部分的说明是根据本工程设计要求，对施工安装提出统一的技术要求。由于各专业施工安装本身都有严格的规范来规定，因此这部分说明仅是对施工安装规范的一些补充或工程的特定要求。具体说明内容如下：

A. 设备就位顺序及安装方式。

B. 减振设计及安装方式。

C. 对管道（风管及水管）的施工安装要求，包括管道材质、管道规格、连接方式等。

D. 对各种附件及配件的技术性能要求。

E. 关于保温材料的技术性能及厚度要求、保温做法、支吊架的通用做法。

F. 管道及附件的颜色。

G. 试压及试运转要求。

H. 根据图纸要求说明的其他问题。

I. 水系统及风系统的调试要求及程序。

二、设计工作中暖通专业与其他专业的配合

（一）与建筑专业的配合设计

为保证出图日期及设计质量，建筑专业对水暖专业所提中间资料的深度必须有所保证，尤其是与水暖专业设计有较大关系的房间，这些方面如果考虑得不合理引起以后的变动，会导致水暖专业整个系统的改变并影响到其他各个专业。在与建筑专业配合时须注意以下两方面：

设备间的布置问题。高层建筑一般在建筑的裙房及主体之间设有一结构转换层，水暖专业可用来汇总管线，也可用作水暖专业设备层。设备层若装有空调机组，则设备层的净高度最好不小于 2.2 m。且要有良好的通风采光，同时考虑空调机组所需室外新风取风口的设置。也可在地下层、顶层考虑水暖专业的设备间。对于水箱应注意水箱与墙面之间的净距，不宜小于 0.7 m；有浮球阀的一侧，水箱壁与墙面之间的净距，不宜小于 1.0 m。水箱顶至建筑结构最低点的净距.不得小于 0.6 m。水箱四周应有不小于 0.7 m 的检修通道。对于新风机房、空调机房、风机房及其他有噪声的设备间均要求建筑专业做吸声消声处理。

管道井的设置问题。在高层建筑中，管道井的确定很重要。因此，合理布置管道井，对于提高设计质量、降低工程造价有很大作用。

（1）管道井的设置应根据建筑物的使用功能、供冷用水分布情况，采用适当分散的方式，并尽量设在主要的供水及污废水量较集中的地方。

（2）根据所汇合管道立管的数量、管径、排列方式及管道井的维修条件，确定管道井尺寸。

（3）管道井隔断应是 2~3 层设一隔断；建筑高度>100 m 时，在每层楼板处，均应用耐火极限等同楼板的不燃体做防火隔断。

（二）与电气专业的配合设计

电气专业设计的很大部分是为水暖设计服务的，因此，水暖设计人员要及时给电气专业提供资料，以免影响电气专业设计进度。在设计中，水暖专业一般须给电气专业提供以下资料：

（1）及时向电气专业提供所有用电设备的电量，如冷水机组、空调机组、风机、水泵、大门冷热风幕以及消防用电等，使电气专业可以准确计算电容量。

（2）在水暖专业的消防设计中，凡须用电信号反馈信息到消防控制中心的设备，均须提供给电气专业它们的位置及控制要求，包括消火栓、喷淋系统的水流指示器、水力报警阀，防排烟系统的防火阀、排烟口、加压送风口及排烟风机等。

（3）向电气专业提供有控制要求的设备，包括通风、空调系统的自控要求及通风、空调系统中电动阀、防火阀的位置。注意火灾时关闭所有的通风、空调系统。提供水泵、水箱的控制要求，如空调系统的补水泵、排水系统的污水提升泵及膨胀水箱的高低水位的控制等。

（三）与结构专业的配合设计

结构专业是建筑设计中最重要的专业。因此，水暖专业在与结构专业配合时必须认真严谨。因此，需要注意以下三个问题：

（1）水暖专业的设计人员在设计方案确定后，应尽快给结构专业提供所有设备的位置、重量及基础，尤其是较重的大型设备，如水箱、制冷机组、新风机组、空调机组、水泵等更不能遗漏。

（2）需要吊顶安装的设备，如大门冷热风幕、吊顶式空调机组、风机等要向结构专业提供设备重量及须设预埋件的位置。

（3）水暖管道布置完成后，就要在需要穿梁、楼板、剪力墙处，向结构专业提供预留洞位置。一般楼板上 DN≥300 mm 以上的孔须预留，其余穿楼板的小孔洞，可以在土建施工过程中，水暖工作人员与土建工作人员协作预留。在预应力楼板上留洞时，应同结构专业配合，尽量躲开预应力筋，以免破坏楼板结构强度。高层建筑剪力墙结构很多，剪力墙及结构梁上的所有孔洞均要预留，留洞时要注意避开剪力墙上的暗柱。因为剪力墙及结构梁有些地方是不允许开洞的，因此水暖专业人员要认真配合，并尽量避免因为遗漏孔洞给施工带来困难，甚至影响结构受力。在配合留洞的过程中，如果所留孔洞对结构受力破坏较大或不能留洞时，应考虑将水暖管道绕行。

第二节　暖通空调不同系统的组成

一、空调系统的分类

（一）按建筑环境控制功能分类

以建筑热湿环境为主要控制对象的系统。主要控制对象为建筑物室内的温湿度，属于这类系统的有空调系统和供暖系统。

以建筑内污染物为主要控制对象的系统。主要控制建筑室内空气品质，如通风系统、建筑防烟排烟系统等。

上述两大类的控制对象和功能互有交叉。如以控制建筑室内空气品质为主要任务的通风系统，有时也可以有供暖功能，或除去余热和余湿的功能；而以控制室内热湿环境为主要任务的空调系统也具有控制室内空气品质的功能。

（二）按承担室内热负荷、冷负荷和湿负荷的介质分类

以建筑热湿环境为主要控制对象的系统，根据承担建筑环境中的热负荷、冷负荷和湿负荷的介质不同可以分为以下五类：

（1）全水系统——全部用水承担室内的热负荷和冷负荷。当为热水时，向室内提供热量，承担室内的热负荷，目前常用的热水供暖即为此类系统；当为冷水（常称冷冻水）时，向室内提供冷量，承担室内冷负荷和湿负荷。

（2）蒸汽系统——以蒸汽为介质，向建筑供应热量。可直接用于承担建筑物的热负荷，例如蒸汽供暖系统、以蒸汽为介质的暖风机系统等；也可以用于空气处理机中加热、加湿空气；还可以用于全水系统或其他系统中的热水制备或热水供应的热水制备。

（3）全空气系统——全部用空气承担室内的冷负荷、热负荷。例如向室内提供经处理的冷空气以除去室内显热冷负荷和潜热冷负荷，在室内不再需要附加冷却。

（4）空气-水系统——以空气和水为介质，共同承担室内的冷负荷、热负

荷。例如以水为介质的风机盘管向室内提供冷量或热量，承担室内部分冷负荷或热负荷，同时，有一新风系统向室内提供部分冷量或热量，而又满足室内对室外新鲜空气的需要。

（5）冷剂系统——以制冷剂为介质，直接用于对室内空气进行冷却、去湿或加热。实质上，这种系统是用带制冷机的空调器（空调机）来处理室内的负荷，所以，这种系统又称机组式系统。

（三）按空气处理设备的集中程度分类

1. 以建筑热湿环境为主要控制对象的系统

（1）集中式空调系统。

集中式空调系统的所有空气处理机组及风机都设在集中的空调机房内，通过集中的送、回风管道实现空调房间的降温和加热。集中式空调系统的优点是作用面积大，便于集中管理与控制。其缺点是占用建筑面积与空间，且当被调房间负荷变化较大时，不易进行精确调节。集中式空调系统适用于建筑空间较大、各房间负荷变化规律类似的大型工艺性和舒适性空调。

集中式空调系统是典型的全空气系统，它广泛应用于舒适性或工艺性空调工程中，例如商场、体育场馆、餐厅及对空气环境有特殊要求的工业厂房中。它主要由五部分组成：进风部分、空气处理设备、空气输送设备、空气分配装置、冷热源。

（2）半集中式空调系统。

半集中式空调系统除设有集中空调机房外，还设有分散在各房间内的二次设备（又称末端装置），其中多半设有冷热交换装置（也称二次盘管），其功能主要是处理那些未经集中空调设备处理的室内空气，例如风机盘管空调系统和诱导器空调系统就属于半集中式空调系统。半集中式空调系统的主要优点是易于分散控制和管理，设备占用建筑面积或空间少、安装方便。其缺点是无法常年维持室内温湿度恒定，维修量较大。这种系统多用于大型旅馆和办公楼等多房间建筑物的舒适性空调。

（3）分散式空调系统。

分散式空调系统是将冷热源和空气处理设备、风机及自控设备等组装在一起的机组，分别对各被调房间进行空气调节。这种机组一般设在被调房间或其邻室内，因此，不需要集中空调机房。分散式系统使用灵活、布置方便，但维修工作量较大，室内卫生条件有时较差。

2. 集中式空气调节系统

（1）进风部分。

空气调节系统必须引入室外空气，常称"新风"。新风量的多少主要由系统的服务用途和卫生要求决定。新风的入口应设置在其周围不受污染影响的建筑物部位。新风口连同新风道、过滤网及新风调节阀等设备，即为空调系统的进风部分。

（2）空气处理设备。

空气处理设备包括空气过滤器、预热器、喷水室（或表冷器）、再热器等，是对空气进行过滤和热湿处理的主要设备。它的作用是使室内空气达到预定的温度、湿度和洁净度。

（3）空气输送设备。

它包括送风机、回风机、风道系统，以及装在风道上的调节阀、防火阀、消声器等设备。它的作用是将经过处理的空气按照预定要求输送到各个房间，并从房间内抽回或排出一定量的室内空气。

（4）空气分配装置。

它包括设在空调房间内的各种送风口和回风口。它的作用是合理组织室内空气流动，以保证工作区内有均匀的温度、湿度、气流速度和洁净度。

（5）冷热源。

除了上述四个主要部分以外，集中空调系统还有冷源、热源及自动控制和检测系统。空调装置的冷源分为自然冷源和人工冷源。自然冷源的使用受到多方面的限制。人工冷源是指通过制冷机获得冷量，目前主要采用人工冷源。

空调装置的热源也可分为自然热源和人工热源两种，自然热源是指太阳能和地热能，它的使用受到自然条件的多方面限制，因而应用并不普遍。人工热源是指通过燃煤、燃气、燃油锅炉或热泵机组等所产生的热量。

（四）按用途分类

以建筑热湿环境为主要控制对象的空调系统，按其用途或服务对象不同，可以分为以下两类：

1. 舒适性空调系统

舒适性空调系统简称舒适空调，是为室内人员创造舒适健康环境的空调系统。舒适健康的环境令人精神愉快、精力充沛，工作和学习效率提高，有益于身心健康。办公楼、旅馆、商店、影剧院、图书馆、餐厅、体育馆、娱乐场所、候机或候车大厅等建筑中所用的空调都属于舒适空调。由于人的舒适感在一定的空气参数范围内，所以这类空调对温度和湿度波动的要求并不严格。

2. 工艺性空调系统

工艺性空调系统又称工业空调，是为生产工艺过程或设备运行创造必要环境条件的空调系统，工作人员的舒适要求有条件时可兼顾。由于工业生产类型不同、各种高精度设备的运行条件也不同，因此，工艺性空调的功能、系统形式等差别很大。例如半导体元器件生产对空气中含尘浓度极为敏感，要求有很高的空气净化程度；棉纺织布车间对相对湿度要求很严格，一般控制在 70%~75%；计量室要求全年基准的温度为 20 ℃，波动为±1 ℃；高等级的长度计量室要求 20±0.2 ℃；Ⅰ级坐标镗床要求环境温度为 20±1 ℃；抗生素生产要求无菌条件，等等。

（五）以建筑内污染物为主要控制对象分类

1. 按用途分类

（1）工业与民用建筑通风——以治理工业生产过程和建筑中人员及其活动所产生的污染物为目标的通风系统。

（2）建筑防烟和排烟——以控制建筑火灾烟气流动，创造无烟的人员疏散通道或安全区的通风系统。

（3）事故通风——排除突发事件产生的有燃烧、爆炸危害或有毒气体、蒸气的通风系统。

2. 按通风的服务范围分类

（1）全面通风——向某一房间送入清洁新鲜空气，稀释室内空气中污染物的浓度。同时，把含污染物的空气排到室外，从而使室内空气中污染物的浓度达到卫生标准的要求。这种通风也称为稀释通风。

（2）局部通风——控制室内局部地区污染物的传播或控制局部地区污染物浓度达到卫生标准要求的通风。

二、空调系统的选择与划分原则

（一）系统形式的选择

对于某一特定建筑，排除满足不了基本要求的系统外，一般都有几种系统形式可供选择。通常不可能有绝对最好的系统，只可能几项主要指标是最优或较优的系统。需要考虑的指标也有很多，也只能择其重要的或比较重要的指标进行考虑。通常需要考虑的指标有：经济性指标——初投资和运行费用或其综合费用；功能性指标——满足对室内温度、湿度或其他参数的控制要求的程度；能耗指标——能耗实际上已反映在运行费用中，但有时被其他费用所掩盖，而节能是我国的基本国策，应当优先选择节能型系统；系统与建筑的协调性——如系统与装修、系统与建筑空间和平面之间的协调；还有维护管理的方便性、噪声等。在选择系统之前，还必须了解建筑和空调房间的特点与要求，如冷负荷密度（即单位面积冷负荷）、冷负荷中的潜热部分比例（即热湿比）、负荷变化特点、房间的污染物状况、建筑特点、室内装修要求、工作时段、业主要求和其他特殊要求等。系统的选择实质上是寻求系统与建筑的最优搭配。下面举例说明系统选择的分析方法。

（1）空气系统在机房内对空气进行集中处理，空气处理机组有多种处理功能和较强的处理能力，尤其是有较强的除湿能力。因此，适用于冷负荷密度大、潜热负荷大（室内热湿比小）或对室内含尘浓度有严格控制要求的场所，例如人员密度大的大餐厅、火锅餐厅、剧场、商场、有净化要求的场所等。系统经常需要维修的是空气处理设备，全空气系统的空气处理设备集中于机房内，维修方便，且不影响空调房间的使用，因此，全空气系统也适用于房间装修高档、常年使用的房间，例如候机大厅、宾馆的大堂等。但是，全空气系统有较大的风管及需要空调机房，在建筑层低、建筑面积紧张的场所，它的应用受到了限制。

（2）高大空间的场所宜选用全空气定风量系统。在这些场所，为使房间内温度均匀，需要有一定的送风量，故应采用全空气系统中的定风量系统。因此，像体育馆比赛大厅、候机大厅、大车间等宜用全空气定风量空调系统。

（3）一个系统有多个房间或区域，各房间的负荷参差不齐，运行时间不完全相同，且各自有不同要求时，宜选用全空气系统中的变风量系统、空气-水风机盘管系统、空气-水诱导器系统等。如果这些系统中有多个房间的负荷密度大、湿负荷较大，应选用单风道变风量系统或双风道系统。空气-水风机盘管、空气-水辐射板系统和空气-水诱导器系统适用于负荷密度不大、湿负荷较小的场合，如客房、人员密度不大的办公室等。

（4）一个系统有多个房间，且需要避免各房间污染物互相传播时，如医院病房的空调系统，应采用空气-水风机盘管系统、一次风为新风的诱导器系统或空气-水辐射板系统。设置于房间内的盘管最好干工况运行。

（5）建筑加装空调系统，比较适宜的系统是空气-水系统；一般不宜采用全空气集中空调系统。因为空气-水系统中的房间负荷主要由水来承担，携带同样冷、热量的水管远比风管小很多，在旧建筑中布置或穿楼层较为容易；空气-水系统中的空气系统一般是新风系统，风量相对较少，且可分层、分区设置，这样风管尺寸很小，便于布置、安装。如果必须采用全空气集中空调，也应尽量将系统划分得小一些。

（二）系统划分的原则

一幢建筑不仅有多种形式的系统，而且同一种形式的系统还可以划分成多个小系统。系统划分的原则如下：

（1）系统应与建筑物分区一致。一幢建筑物通常可分为外区和内区。外区又称周边区，是建筑中带有外窗的房间或区域。如果一个无间隔墙的建筑平面，周边区指靠外窗一侧 5~7 m（平均为 6 m）的区域；内区是除去周边区外的无窗区域，当建筑宽度<10 m 时，就无内区。周边区还可以分为不同朝向的周边区。不同区的负荷特点各不相同。一般来说，内区中常年有灯光、设备和人员的冷负荷，冬季只在系统开始运行时有一定的预热负荷或室外新风加热负荷，但最上层的内区有屋顶的传热，冬季也可能有热负荷。周边区的负荷与室外有着密切的关系，不同朝向的周边区的围护结构冷负荷差别很大。北向冷负荷小，东侧上午出现最大冷负荷，西侧下午出现最大冷负荷，南向负荷并不大，但 4 月、10 月南

向的冷负荷与东、西向相当。冬季周边区一般都有热负荷，尤其在北方地区，其中，北向周边区的负荷最大。在有内、外区的建筑中，就有可能出现需要同时供冷和供热的工况，系统宜分内、外区设置，外区中最好分朝向设置，因为有的系统无法同时满足内外区供冷和供热要求。虽然有再热的变风量系统或空气-水诱导器系统，可以实现同时对内区供冷和对周边区供热，但会引起冷、热量抵消，浪费能量。因此，最好把内外区的系统分开。

（2）在供暖地区，有内、外区的建筑，且系统只在工作时间运行（如办公楼），当采用变风量系统、诱导器系统或全空气系统时，无论是否分区设置，宜设一独立的散热器供暖系统，以在建筑无人时（如夜间、节假日）进行值班供暖，从而可以节约运行费用。

（3）各房间或区的设计参数和热湿比相接近、污染物相同，可以划分为一个全空气系统；对于定风量单风道系统，还要求工作时间一致，负荷变化规律基本相同。

（4）在民用建筑中，全空气系统规范不宜过大，以免造成风管布置困难；系统最好不跨楼层设置，需要跨楼层设置时，层数也不应太多，这样有利于防火。

（5）空气-水系统中的空气系统一般都是新风系统，这种系统实质上是一个定风量系统，它的划分原则是功能相同、工作班次一样的房间可划分为一个系统；虽然新风量与全空气系统中的送风量相比小很多，但系统也不宜过大，否则，各房间或区域的风量分配很困难；有条件时可分层设置，也可以多层设置一个系统。

（6）工业厂房的空调、医院空调等在划分系统时要防止污染物互相传播。应将同类型污染的房间划分为一个系统；并应使各房间（或区）之间保持一定的压力差，引导室内的气流从干净区流向污染区。

第三节　冷热源机房设计

在进行冷热源机房工艺设计之前，必须对用户的要求和水源等方面的情况进行调查研究，了解和收集有关原始资料以作为设计工作的重要依据。

（1）用户要求。用户需要的冷量、热量及其变化情况，供冷、供热方式，冷热媒水的供、回水温度，以及用户使用场所和使用安装方面的要求。

（2）水源资料。冷热源机房附近的地面水和地下水的水量、水温、水质等情况。

（3）气象条件。当地的最高和最低气温、大气相对湿度、土壤冻结深度、全年主导风向和当地大气压力等。

（4）能源条件。当地的天然气、油料、煤质、电力等物性资料及能源增容费及使用价格。

（5）地质资料。冷热源机房所在地区土壤等级、承压能力、地下水位和地震烈度等资料。

（6）发展规划。设计冷热源机房时，应了解冷热源机房的近期和远期发展规划，以便在设计中考虑冷冻站的扩建余地。

一、机房设备安装设计

机房的设备布置和管道连接，应符合工艺流程，并应便于安装、操作与维修。

（1）制冷机凸出部分到配电盘的通道宽度，不应小于 1.5 m；制冷机凸出部分之间的距离不应小于 1.0 m；制冷机与墙壁之间的距离和非主要通道的宽度不应小于 0.8 m。

（2）大、中型冷水机组（离心式制冷机、螺杆式制冷机和吸收式制冷机）其间距为 1.5~2.0 m（控制盘在端部可以小些，控制盘在侧面可以大些），其换热器（蒸发器和冷凝器）一端应留有检修（清洗或更换管簇）的空间，其长度按厂家要求确定。

（3）大型制冷机组的机房上部最好预留起吊最大部件的吊钩或设置电动起吊设备。

（4）布置制冷机时，温度计、压力表及其他测量仪表应设在便于观察的地方。阀门高度一般离地 1.2~1.5 m，高于此高度时，应设工作平台。

（5）机房设备布置应与机房通风系统、消防系统和电气系统等统筹考虑。

（一）机房设备的隔振与降噪

（1）机房冷热源设备、水泵和风机等动力设备均应设置基础隔振装置，防止和减少设备振动对外界的影响。通过在设备基础与支撑结构之间设置弹性元件来实现。

（2）设备振动量控制按有关标准规定及规范执行，在无标准可循时，一般无特殊要求可控制振动速度 $v \leqslant 10$ mm/s（峰值），开机或停机通过共振区时 $v \leqslant 15$ mm/s（峰值）。

（3）设备转速小于或等于 1500 r/min 时，宜选用弹簧隔振器；设备转速大于 1500 r/min 时，宜选用橡胶等弹性材料的隔振垫块或橡胶隔振器。

（4）选择弹簧隔振器时，应符合下列要求：①设备的运转频率与弹簧隔振器垂直方向的自振频率之比，应大于或等于2；②弹簧隔振器承受的荷载，不应超过工作荷载；③当共振振幅较大时，宜与阻尼大的材料联合使用。

（5）选择橡胶隔振器时，应符合下列要求：①应考虑环境温度对隔振器压缩变形量的影响；②压缩变形量宜按制造厂提供的极限压缩量的 1/3～1/2 计算；③设备的运转频率与橡胶隔振器垂直方向的自振频率之比，应大于或等于2；④橡胶隔振器承受的荷载，不应超过允许工作荷载；⑤橡胶隔振器应避免太阳直接辐射或与油类接触。

（6）符合下列要求之一时，宜加大隔振台座质量及尺寸：①设备重心偏高；②设备重心偏离中心较大且不易调整；③隔振要求严格。

（7）冷热源设备、水泵和风机等动力设备的流体进出口，宜采用软管同管道连接。当消声与隔振要求较高时，管道与支架间应设有弹性材料垫层。管道穿过围护结构处，其周围的缝隙，应用弹性材料填充。

（8）机房通风应选用低噪声风机，位于生活区的机房通风系统应设置消声装置。

（二）机房设备、管道和附件的防腐和保温

（1）机房设备、管道和附件的防腐。为了保证机房设备、管道和附件的有效工作年限，机房金属设备、管道和附件在保温前须将表面清除干净，涂刷防锈漆或防腐涂料做防腐处理。

如设计无特殊要求，应符合：①明装设备、管道和附件必须涂刷一道防锈漆、两道面漆。如有保温和防结露要求应涂刷两道防锈漆；暗装设备、管道和附

件应涂刷两道防锈漆。②防腐涂料的性能应能适应输送介质温度的要求；介质温度大于120 ℃时，设备、管道和附件表面应刷高温防锈漆；凝结水箱、中间水箱和除盐水箱等设备的内壁应涂刷防腐涂料。③防腐油漆或涂料应密实覆盖全部金属表面，设备在安装或运输过程被破坏的漆膜，应补刷完善。

（2）机房设备、管道和附件的保温。机房设备、管道和附件的保温可以有效地减少冷（热）损失。设备、管道和附件的保温应遵守安全、经济和施工维护方便的原则，设计施工应符合相关规范和标准的要求，并满足：①制冷设备和管道保温层厚度的确定，要考虑经济上的合理性。最小保温层厚度，应使其外表面温度比最热月室外空气的平均露点温度高2 ℃左右，保证保温层外表面不发生结露现象。②保温材料应使用成形制品，具有导热系数小、吸水率低、强度较高、允许使用温度高于设备或管道内热介质的最高运行温度、阻燃、无毒性挥发等性能，且价格合理、施工方便的材料。③设备、管道和附件的保温应避免任何形式的冷（热）桥出现。

二、机房的供暖、空调、通风与防火设计

（1）集中供暖地区的制冷机房的室内温度不应低于15 ℃，在停止运转期间不低于5 ℃s。

（2）对于通风不能满足空气热湿环境要求的机房，应设置空调系统，为节约能源，机房内空气温度和相对湿度要求可适当放宽（28~30 ℃、70%~90%）。空调值班室应设置独立的空调系统或安装分体式空调机。

（3）机房应有良好的通风措施：①制冷机房宜采用机械通风，一般通风量可按换气次数4~6次/h计算，对燃油燃气设备，通风量不包括燃烧用风量。②对采用高度毒性制冷剂的机房，应有严格的通风安全保护措施。③机房内必须注意气流组织，以免机房设备与通风系统布置不当而造成通风死区。制冷机应布置在排风和进风之间的区域内，气流能通过所有制冷机，可分设上下排风口。下部排风口排除泄漏的制冷剂，上部排风口排除机房内余热。④制冷机房的通风系统必须独立设置，不得与其他通风系统联合。⑤设置在地下层的机房除设置排风系统外，还须设置送风系统，其风量不低于排风量的85%；设置在高层建筑设备层的机房，通风系统的设置应考虑高层建筑风压对系统运行的影响。⑥对有爆炸

危险的房间，应有每小时不少于 3 次的换气量。当自然通风不能满足要求时，应设置机械通风装置，并应有每小时换气不少于 8 次的事故通风装置，通风装置应防爆。⑦燃油泵房和日用油箱间，除采用自然通风外，燃油泵房应有每小时换气 10 次的机械通风装置，日用油箱间应有每小时换气 3 次的机械通风装置，燃油泵房和日用油箱同为一间时，按燃油泵房的要求执行，通风装置应防爆。⑧在地面上的燃油泵房及日用油箱间，当建筑外墙下设有百叶窗、花格墙等对外常开孔口时，可不设置机械通风装置。

（4）机房的防火、防爆措施：①机房及其辅助用房应有消防设施。②附设在高层建筑中的机房，应按照《高层民用建筑设计防火规范》规定的要求进行防火设计。③采用二氧化碳或卤代烷等固定灭火装置的机房，应设机械排风系统，以保证灭火后能从室内下部地带排除烟气和气体。使用二氧化碳灭火装置者，排气换气次数应为 6 次/h；使用卤代烷灭火剂时为 3 次/h。该系统穿入防护区时，应设有能自动复位的防火阀。④设置在地下室的机房，设置排烟系统时应有补风系统，其风量不少于排烟量的 50%；排烟系统可以和机房的通风系统兼用同一系统，采用双速排烟风机，平时低速通风，火灾时高速排烟。⑤对于燃油燃气设备机房，为满足泄爆和疏散要求，机房必须靠外墙设置。

三、冷热源选择原则及常用组合方案

（一）空调冷热源方案选择原则

（1）热源设备应按照国家能源政策和符合环保、消防、安全技术规定，以及根据当地能源供应情况来选择，以电和天然气为主，大中城市宜选用燃气和燃油锅炉，乡镇可选用燃煤锅炉。原则上尽量不选用电热锅炉，降低煤炭在一次能源中的比重。

（2）若当地供电紧张，有热电站供热或有足够的冬季供暖锅炉，特别是有废热、余热可再利用时，应优先选用溴化锂吸收式制冷机。

（3）当地供电紧张，且夏季供应廉价的天然气，同时技术经济比较合理时，可选用直燃式溴化锂吸收式制冷机。

（4）直燃式溴化锂吸收式制冷机与溴化锂吸收式制冷机相比，具有许多优

点，因此，在同等条件下特别是有廉价天然气可资利用时，应优先选用。一般情况下宜优先选用两用机。

（5）积极发展集中供热、区域供冷供热站和热电冷联产技术。

（6）按性能系数高低来选择制冷设备的顺序为离心式、螺杆式、活塞式、吸收式、涡旋式。电力制冷机的性能系数高于吸收式，因此，当地供电不紧张时，从性能系数比较来考虑，应优先选用电力制冷机。大型系统以离心式为主，中型系统以螺杆式为主。

（7）考虑建筑全年空调负荷分布规律和制冷机部分负荷下的调节特性，合理选择机型、台数和调节方式，提高制冷系统在部分负荷下的运行效率，以降低全年总能耗。

（8）为了平衡供电峰谷差，有条件时应积极推广蓄冷空调和低温送风或大温差供水相结合的系统。在技术经济合理的前提下，对一些特定条件工程的小型供热系统，供电部门给予较大的峰谷差优惠政策，选择利用谷电蓄热的电热锅炉是可行的。

（9）保护大气臭氧层，积极采用 CFC 和 HCFC 替代制冷剂。在选用冷热源设备时，应注意其所使用工质符合环保要求。

（10）选用风冷还是水冷机组须因地制宜、因工程而异。一般大型工程宜选用水冷机组，小型工程或缺水地区宜选用风冷机组。

（11）选择冷热源应考虑同时使用系数；冷水机组要有很好的部分负荷特性和多档负荷调节能力。冷水机组一般选用 2～四台，中小型两台，较大型三台，大型四台。机组之间考虑互为备用和轮换使用的可能性。从便于维护管理的角度考虑，宜选用同类型、同规格的机组。从节能角度考虑，可选用不同类型、不同容量机组搭配方案。活塞式机组尽量选用多机头型。大型建筑也可考虑采用复合能源。

（12）要求全年空调的中小型建筑，当技术经济比较合理或不便采用一次能源时，宜采用空气源热泵机组，当冬季因结霜而导致供热不足时，须在热泵出水管上增设辅助加热装置。机组一般应安设在屋顶、阳台和室外平台上，若必须安设在室内时，应采取措施，防止空气短路。同一建筑物，内区要求供冷，外区要求供热，或有地下水、洁净的江河水可利用时，宜选用性能系数较好的水源热泵机组，当使用冷却塔时，须采用密闭式。在具备优质地热资源的地区，技术经济分析合理，宜选用地源热泵。

（二）空调冷热源常用组合方案

各种不同的冷源和热源形式经过组合，可形成多种空调冷热源方案。

（1）单效溴化锂吸收式冷水机组+余热（废热）。

（2）蒸汽双效溴化锂吸收式冷水机组+燃煤锅炉。

（3）蒸汽双效溴化锂吸收式冷水机组+城市热网。

（4）水冷电动式冷水机组+燃煤锅炉。

（5）水冷电动式冷水机组+燃气锅炉。

（6）水冷电动式冷水机组+燃油锅炉。

（7）水冷电动式冷水机组+城市热网。

（8）水冷电动式冷水机组+电锅炉。

（9）风冷电动冷水机组+燃煤锅炉。

（10）风冷电动冷水机组+燃气锅炉。

（11）风冷电动冷水机组+燃油锅炉。

（12）风冷电动冷水机组+电锅炉。

（13）燃油直燃式溴化锂吸收式冷热水机组。

（14）燃气直燃式溴化锂吸收式冷热水机组。

（15）燃气直燃式溴化锂吸收式冷热水机组+燃气锅炉。

（16）燃油直燃式溴化锂吸收式冷热水机组+燃油锅炉。

（17）空气/水热泵冷热水机组。

（18）空气/水热泵冷水机组+燃油锅炉。

（19）空气/水热泵冷水机组+燃气锅炉。

（20）空气/水热泵冷水机组+电锅炉。

（21）空气/水热泵冷水机组+城市热网。

（22）水（风）冷电动式冷水机组+水（冰）蓄冷设备+燃气锅炉。

（23）水（风）冷电动式冷水机组+冰蓄冷+燃油锅炉。

实际上，可选择的方案远不止这些，方案也可进一步细分，如电动冷水机组

中可选用不同类型的机组，或不同厂商的机组，甚至选用不同台数机组的组合，也会形成多种可能的备选方案。

四、热源热力系统及设备

（一）给水系统

给水系统包括给水箱、给水管道、锅炉给水泵、凝结水箱和凝结水泵等。

1. 给水管道

由给水箱或除氧水箱到给水泵的一段管道称为给水泵进水管；由给水泵到锅炉的一段管道称为锅炉给水管。这两段管道组成给水管道。

锅炉给水母管应采用单母管；对常年不间断供热的锅炉房和给水泵不能并联运行的锅炉房，锅炉给水母管宜采用双母管或采用单元制（即一泵对一炉，另加一台公共备用泵）给水系统，使给水管道及其附件随时都可以检修。给水泵进水母管由于水压较低，一般应采用单母管；对常年不间断供汽，且除氧水箱等于或大于两台时，则宜采用分段的单母管。当其中一段管道出现事故时，另一段仍可保证正常供水。

在锅炉的每一个进水口上，都应装置截止阀及止回阀。止回阀和截止阀串联，并装于截止阀的前方（水先流经止回阀）。省煤器进口应设安全阀，出口处须设放气阀。非沸腾式省煤器应设给水不经省煤器直通锅筒的旁路管道。

每台锅炉给水管上应装设自动和手动给水调节装置。额定蒸发量小于或等于 4 t/h 的锅炉可装设位式给水自动调节装置；等于或大于 6 t/h 的锅炉宜装设连续给水自动调节装置。手动给水调节装置宜设置在便于操作的地点。

离心式给水泵出口必须设止回阀，以便水泵的启动。由于离心式给水泵在低负荷下运行时，会导致泵内水汽化而断水，为防止这类情况出现，可在给水泵出口和止回阀之间再接出一根再循环管，使有足够的水量通过水泵，不进锅炉的多余水量通过再循环管上的节流孔板降压后再返回到给水箱或除氧水箱中。

给水管道的直径根据管内的推荐流速决定。

2. 给水泵

常用的给水泵有电动（离心式）给水泵、汽动（往复式）给水泵、蒸汽注水器等。

电动给水泵容量较大，能连续均匀给水。根据离心泵的特性曲线，在提高泵的出力时会使泵的压头减小，此时给水管道的阻力却增大。因此，在选用时应按最大出力和对应于这个最大出力下的压头为准。

一些小容量锅炉常选用旋涡泵。这种泵流量小、扬程高，但比离心泵效率低。

汽动给水泵只能往复间歇地工作，出水量不均匀，需要耗用蒸汽。可作为停电时的备用泵。

给水泵台数的选择应适应锅炉房全年热负荷变化的要求，以利于经济运行。给水泵应有备用，以便在检修时启动备用给水泵保证锅炉房正常供汽。当最大一台给水泵停止运行时，其余给水泵的总流量应能满足所有运行锅炉在额定蒸发量时所需给水量的110%。给水量包括锅炉蒸发量和排污量。

以电动给水泵为常用给水泵时，宜采用汽动给水泵为事故备用泵；该汽动给水泵的流量应满足所有运行锅炉在额定蒸发量时所需给水量的20%~40%。

具有一级电力负荷的锅炉房可不设置事故备用汽动给水泵。

采用汽动给水泵为电动给水泵的工作备用泵时，应设置单独的给水母管；汽动给水泵的流量不应小于最大一台电动给水泵流量；当其流量为所有运行锅炉在额定蒸发量所需给水量的20%~40%时，不应再设置事故备用泵。

给水泵的扬程应根据锅炉锅筒在设计的使用压力下安全阀的开启压力、省煤器和给水系统的压力损失、给水系统的水位差和计入适当的富裕量来确定。

3. 凝结水泵、软化水泵和中间水泵

这三种水泵一般都设有两台，其中一台备用。当任何一台水泵停止运行时，其余水泵的总流量应满足系统水量的要求。有条件时，凝结水泵和软化水泵可合用一台备用泵。中间水泵输送有腐蚀性的水时，应选用耐腐蚀泵。

凝结水泵的扬程应按凝结水系统的压力损失、泵站至凝结水箱的提升高度和凝结水箱的压力进行计算。

4. 给水箱、凝结水箱、软化水箱和中间水箱

给水箱或除氧水箱宜设置一个。常年不间断供热的锅炉房或容量大的锅炉房应设置两个。给水箱的总有效容量宜为所有运行锅炉在额定蒸发量时所需20~

40 min 的给水量。小容量锅炉房以软化水箱作为给水箱时要适当放大有效容量。

凝结水箱宜选用一个，锅炉房常年不间断供热时，宜选用两个或一个中间带隔板分为两格的水箱。其总有效容量宜为 20~40 min 的凝结水回收量。

软化水箱的总有效容量，应根据水处理的设计出力和运行方式确定。当没有再生备用软化设备时，软化水箱的总有效容量宜为 30~60 min 的软化水消耗量。

中间水箱总有效容量宜为水处理设备设计出力的 15~30 min 贮水量。锅炉房水箱应注意防腐，水温大于 50 ℃时，水箱要保温。

5. 给水箱的高度

在确定给水箱的布置高度时，应使给水泵有足够的灌注头或称正水头（即水箱最低液面与给水泵进口中心线的高差）。对水泵而言，这段高差是给予液体一定的能量，使液体在克服吸水管道和泵内部的压力降（称汽蚀余量）后在增压前的压力仍高于汽化压力，以避免水泵进口处发生汽化而中断给水。给水泵的灌注头不应小于下列各项代数和：①给水泵进水口处水的汽化压力和给水箱的工作压力之差；②给水泵的汽蚀余量；③给水泵进水管的压力损失；④采用 3~5 kPa 的富裕量。

汽蚀余量是水泵的重要性能之一，随水泵型号不同而异，数值一般由制造厂提供或由泵的允许吸上真空度经过计算求得。富裕量是考虑热力除氧压力瞬变时及其他因素引起的压力变化。

（二）蒸汽系统

每台蒸汽锅炉一般都设有主蒸汽管和副蒸汽管。自锅炉向用户供汽的这段蒸汽管称为主蒸汽管；用于锅炉本身吹灰、汽动给水泵或注水器供汽的蒸汽管称为副蒸汽管。主蒸汽管、副蒸汽管及设在其上的设备、阀门、附件等组成蒸汽系统。

为了安全，在锅炉主蒸汽管上均应安装两个阀门，其中一个紧靠锅炉锅筒或过热器出口，另一个应装在靠近蒸汽形管处分汽缸上。这是考虑到锅炉停运检修时，其中一个阀门失灵另一个还可关闭，避免分汽缸中的蒸汽倒流。

锅炉房内连接相同参数锅炉的蒸汽管，宜采用单母管；对常年不间断供热的锅炉房，宜采用双母管，以便某一母管出现事故或检修时，另一母管仍可保证供汽；当锅炉房内设有分汽缸时，每台锅炉的主蒸汽管可分别接至分汽缸。

在蒸汽管道的最高点处须装放空气阀，以便在管道水压试验时排除空气。蒸汽管道应有坡度，在低处安装疏水器或放水阀，以排除沿途形成的凝结水。

锅炉本体、除氧器上的放汽管和安全阀排汽管应独立接至室外，避免排汽时污染室内环境，影响运行操作。两独立安全阀排汽管不应相连，以避免串汽和易于识别超压排汽点。

分汽缸的设置应按用汽需要和管理方便的原则进行。对民用锅炉房及采用多管供汽的工业锅炉房或区域锅炉房，宜设置分汽缸；对于采用单管向外供热的锅炉房，可不设置分汽缸。

分汽缸可根据蒸汽压力、流量、连接管的直径及数量等要求进行设计。分汽缸直径一般可按蒸汽通过分汽缸的流速不超过 20~25 m/s 计算。蒸汽进入分汽缸后，由于流速突然降低将分离出水滴。因此，在分汽缸下面应装疏水管和疏水器，以排除分离和凝结水。分汽缸宜布置在操作层的固定端，以免影响今后锅炉房扩建。靠墙布置时，离墙距离应考虑接出阀门及检修的方便。分汽缸前应留有足够的操作位置。

（三）热水锅炉房的热力系统

近年来，以热水锅炉为热源的供热系统在国内发展较快。在确定热水锅炉房的热力系统时，应考虑下列因素：

（1）除了用锅炉自生蒸汽定压的热水系统外，在其他定压方式的热水系统中，热水锅炉在运行时的出口压力不应小于最高供水温度加 20 ℃相应的饱和压力，以防止锅水汽化。

（2）热水锅炉应有防止或减轻因热水系统的循环水泵突然停运后造成锅水汽化和水击的措施。

因停电使循环水泵停运后，为了防止热水锅炉汽化，可采用向锅内加自来水，并在锅炉出水管的放汽管上缓慢排出汽和水，直到消除炉膛余热为止；也可采用备用电源，自备发电机组带动循环水泵或启动内燃机带动的备用循环水泵。

当循环水泵突然停运后，由于出水管中流体流动突然受阻，使水泵进水管中水压骤然增高，产生水击。为此，应在循环水泵进出水管的干管之间装设带有止回阀的旁通管作为泄压管。回水管中压力升高时，止回阀开启，网路循环水从旁路通过，从而减小了水击的力量。此外，在进水干管上应装设安全阀。

（3）采用集中质调时，循环水泵的选择应符合下列要求：①循环水泵的流量应按锅炉进出水的设计温差、各用户的耗热量和管网损失等因素确定。在锅炉出口管段与循环水泵进口管段之间装设旁通管时，尚应计入流经旁通管的循环水量。②循环水泵的扬程不应小于下列各项之和：a. 热水锅炉或热交换站中设备及管道的压力降；b. 热网供、回水干管的压力降；c. 最不利的用户内部系统的压力降。③循环水泵不应少于两台，当其中一台停止运行时，其余水泵的总流量应满足最大循环水量的需要。④并联运行的循环水泵，应选择特性曲线比较平缓的泵型，而且宜相同或近似，这样即使由于系统水力工况变化而使循环水泵的流量有较大范围波动时，水压的压头变化小、运行效率高。

（4）采取分阶段改变流量调节时，应选用流量、扬程不同的循环水泵。这种运行方式把整个采暖期按室外温度高低分为若干阶段，当室外温度较高时开启小流量的泵，室外温度较低时开启大流量的泵，可大量节约循环水泵耗电量。选用的循环水泵台数不宜少于三台，可不设备用泵。

（5）热水系统的小时泄漏量，由系统规模、供水温度等条件确定，一般为系统水容量的 1%。

（6）补给水泵的选择应符合下列要求：①补给水泵的流量，应等于热水系统正常补给水量和事故补给水量之和，并宜为正常补给水量的 4~5 倍。一般按热水系统（包括锅炉、管道和用热设备）实际总水容量的 4%~5% 计算。②补给水泵的扬程，不应小于补水点压力（一般按水压图确定），另加 30~60 kPa 的富裕量。③补给水泵不宜少于两台，其中一台备用。

（7）恒压装置的加压介质，宜采用氮气或蒸汽，不宜采用空气，以免对供热系统的管道、设备产生严重的氧腐蚀。

（8）采用氮气、蒸汽加压或膨胀水箱做恒压装置时，恒压点无论接在循环水系进口端或出口端，循环水泵运行时，应使系统不汽化；恒压点设在循环水泵进口端，循环水泵停止运行时，宜使系统不汽化。

（9）供热系统的恒压点设在循环水泵进口母管上时，其补水点位置也宜设在循环水泵进口母管上。它的优点是：压力波动较小，当循环水泵停止运行时，整个供热系统将处于较低压力之下，如用电动水泵定压时，扬程较小，所耗电能较经济。如用气体压力箱定压时，水箱所承受的压力较低。

（10）采用补给水泵做恒压装置时，当引入锅炉房的给水压力高于热水系统静压线，在循环水泵停止运行时，宜用给水保持静压；间歇补水时，补给水泵启动时的补水点压力必须保证系统不发生汽化；由于系统不具备吸收水容积膨胀的能力，系统中应设泄压装置。

（11）采用高位膨胀水箱做恒压装置时，为了降低水箱的安装高度，恒压点宜设在循环水泵进口母管上；为防止热水系统停运时产生倒空，致使系统吸入空气，水箱的最低水位应高于热水系统最高点 1 m 以上，并宜使循环水泵停运时系统不汽化；膨胀管上不应装设阀门；设置在露天的高位膨胀水箱及其管道应有防冻措施。

（12）运行时用补给水箱做恒压装置的热水系统，补给水箱安装高度的最低极限，应以系统运行时不汽化为原则；补给水箱与系统连接管道上应装设止回阀，以防止系统停运时补给水箱冒水和系统倒空。同时必须在系统中装设泄压装置；在系统停运时，可采用补给水泵或压力较高的自来水建立静压，以防止系统倒空或汽化。

（13）当热水系统采用锅炉自生蒸汽定压时，在上锅筒引出饱和水的干管上应设置混水器。进混水器的降温水在运行中不应中断。

（14）几台热水锅炉并联运行时，每台锅炉的进水管上均应装设调节装置。具有并联环路的热水锅炉，在各并联环路上应装水量调节阀，各环路出水温度偏差不应超过 10 ℃。锅炉出水管应装设压力表和切断阀。

第四节　绿色建筑与暖通空调设计之间的联系

一、绿色建筑的内涵和绿色建筑的构建

（一）绿色建筑的内涵

"绿色建筑"是如何定义的？美国实践和建材协会的绿色建筑概念是："房屋、

民用与工业建筑过程中，总是以负责的理念且用精细的维护环境的方式，策划、动工、使用、更改、荒废的构建物。"有人将绿色建筑划分成具有 4R 的建筑，即"Reduce"，少用建筑建材、各个资源与不再生资源的应用；"Renewable"，使用可再生资源与建材；"Recycle"，使用回收建材与"中水"，建立拉架回收体系；"Reuse"，在构造可承受的范围内再次使用旧建材。如今各个国家对绿色建筑的想法和做法都不同，特别是对里面环境有着不同深度的规定。但总的来讲，建筑的绿化有自然化和可持续化两方面。绿色建筑便是合理使用能源、省能、环保、靠近自然、回到自然与健康的建筑，即可持续的构建。

（二）对于绿色建筑的构建

绿色建筑的策划不仅是动态策划也是综合策划，绿色建筑构建要精细，且有效使用资源与生态建材，确保建筑环保状态与健康的屋内环境。这对建筑设计者有了更严格的规定，要求建筑设计者具备更多方面的专业知识，掌握工程能源、环保与经济合理连接的想法。

二、绿色建筑暖通空调策划要有原理

（一）循环

此原理说的是在对暖通空调体系中策划的建材设施等做好回收、回用等后把废物运到专业的工厂做再生，进而实施原料—成品—废品—原料为环性的良好循环，而对于比如玻璃钢、岩棉等不可回收或回收使用投资太多的成品在策划中就要最大限度地限制其应用量。

（二）大范围地回收

大范围地回收需要包含暖通空调体系中的零部件与建材的回收，和再用的差别是对零部件和建材做分类别的回收，并不是非粗略地回收，例如说对体系管道、设施报废之后，在拆或修理中对拆下来的零件做好全面回收。

（三）回用过程

暖通空调体系的回用包含体系整个与部分的回用，绿色建筑策划的暖通空调体系中各部分带有一定的独立性，其大多数能拆卸，在其经过一段时间运作甚至报废后，其中的一些管材、使用设施中的一些非运转件等设施和建材通过修理、养护还有清洗等程序仍可回收再使用。

（四）节约环节

节约原理即节约资源与建材。其包含在空调整个体系里的制冷器、水泵、风机还有调控体系等设备的成本和对原材料还有能源及建材的运行资费的节约，其涉及空调通风的整个体系的全部过程，并不是其中一个过程，就新型的绿色建筑而言，其暖通空调系统需要全面考虑并与建筑物的围护结构、室内照明等其他系统之间实现良好协同。

三、暖通空调所使用的绿色策划方案

（一）全面使用绿色的建材

在当代绿色建筑暖通空调策划中杜绝运用 HCFCs 和 Halons 这两种成品，降低了 CFCs 制冷剂实施制冷，且杜绝用对人体有害的石棉类的保温建材，要尽可能选择可再用的、可重复运用的建材和保温材质，其中包含保温建材、管道、封闭材质等，同时也要尽可能选择使用本地建材，预防舍近求远地选取外地材质，所以就地用材可在很大程度上降低建材输送给环境带来的一些影响，不但可以减少投资、降低业主的负担，也能大幅度地推进当地经济的快速发展。

（二）更新建筑热工功能

建筑物热工功能包含了建筑构建系数的气密性能、建筑的保温性能、建筑的挡阳性能等模式，建筑里面含有大部分的热量是经过建筑围护构建所挥发的，所以热量的传送速率和建筑表面的散热面，因建筑采暖耗能都伴随结构系数的增大而升高；同时采暖建筑经空气流入耗热量可达 30%~40%，热量耗损模式主要是因为外窗的气密性很差，与导线、管道等的出入口及烟囱管还有一些构造连接缝隙等部分，所以为减少此部分耗能可经过提升门窗定制及位置准度、选取新的型材、提高其封闭方案等来降低空气的渗透。同时建筑保温新材质也能够在很大程度上提高其保温的效果，对节省资源有着关键性意义与效果。为预防夏天不同位置导致的直接或间接的强太阳能照射给屋内温度带来过大影响，就能选择可控制的通风两层玻璃窗，其中内置百叶的模式来缓和此弊端，因为百叶窗能够依照太阳照射方位和强度来调控挡阳高度，进而能很大程度地减少暖通空调体系的运行功率。

（三）可创建很好的自然环境

对自然能源的使用度在一定程度上就会展现暖通空调设计的好坏。就绿色建筑方面来说，可否让建筑物四周有很好的外界环境，直接影响着建筑物内暖通空调体系的功能可否全部散发出来。若是要达到此目标，策划中要全面维持建筑四周干净的气流、水源还有土壤，让建筑物避免被不好的自然环境带来一定的伤害和侵犯，因为树木和水能够为建筑挡风、挡光、存水，所以水与植物被大量地带进建筑的内部空间中。

（四）地源热泵

地源热泵是一种使用地下表层地热能源的既能产热又能制冷的高效省能的空调体系，其地热能包含地下水、土壤或地表水等，其经过输进少许的电能等高质量能源而实施低温位热能向高温位流动。冬天能够把地能中的热量散发出来，在升温后可给室内取暖，夏天就把屋内热量散发出来让它散发到低能里。其详细原理是冬天地源热泵经过地下或在水塘等水体里的密封管道由底部内采集自然界热能，采集后从环路里的循环水把热量传到屋内，然后从装置在屋内的地源热泵体系经过压缩电机与热交换器来把能量聚集，且把高温传送到屋内，此时地能就是热源。但夏天时，地源热泵体系把由屋内抽取的热量传送到环路后被大地所吸取，屋内就变冷，这时的地能就是冷源。地源热泵和空气源热泵相比有屋内全年温差变化很小的优点，因为冬天温度高于空气温度，但夏天就会低于空气温度，所以地源热泵的工作系数应大于空气源热泵，也可在很大程度上节能；同时地源热泵不用去霜，所以降低了结霜和去霜产生的热量耗损，地源热泵也具备很好的储蓄效果。

（五）节省资源和其使用

绿色建筑要由不同角度来达到最低能源耗损的准则，近几年对绿色建筑耗能最低耗损底线的前提下给出了再节能 10%~60% 的要求，而此要求里谈及的能源主要有暖通、空调、热水和照亮体系，要选择的方案有很多种，策划当中要依当地情况进行选择，如优化能源使用、选择可再生能源、合理使用能源、节省资源还有资源存储技能等所有方案。

总的来说，绿色建筑要把绿色生命给予建筑，让其有生机、有活力，让建筑与环境生态紧密联系。确保室内环境良好，即屋内生态环境是绿色建筑目标的主要含义。所以，暖通空调专业职工在建筑绿色化过程中是不能缺少的力量：先要完善建筑结构，和别的专业结合，用有效的技能方案全面使用天然可再生资源，达到人们亲近自然、回到自然的要求。同时合理的空调模式也可完善屋内环境质量，要积极探究置换送风、冷辐射提顶、独特化空调、除湿空调等技能扩展。中国的暖通设计家要在未来设计中多参考别国经验，结合自身的当时状况，设计出绿色空调体系，为建设"以人为本"的绿色建筑，还有建设"天人合一"的绿色家园奉献自己的力量。

第五节 设计常见问题分析及对策

暖通空调设计是工程建设过程中的一个重要环节，暖通空调系统在建筑节能中占据重要的位置，起着重要的作用，因而暖通空调设计应严格按规范和验评标准要求，杜绝设计错误，进行合理设计。

一、在暖通设计规范与标准执行中存在的问题

（一）室内外空气计算参数不符合规范要求

根据规定，冬季室内空气计算参数，盥洗室、厕所不应低于 12 ℃，浴室不应低于二十五摄氏度。但是，目前，有的公共建筑的厕所、盥洗间、住宅建筑的卫生间根本没有设置散热器，温度要求达不到标准。

所以对于没有达到标准要求的，必须按照标准严格执行，比如住宅厨房室内温度亦应按不低于 12 ℃的要求设置散热器。

（二）供暖热负荷计算不准

目前，有的工程在计算供暖热负荷时未计算由门窗缝隙渗入室内的冷空气的耗热量，致使供暖热负荷偏小。这个是不正确的，应该根据设计规范要求，计算供暖热负荷时计入这部分耗热量。

（三）卫生间散热器型式选择不合理

《民用建筑供暖风与空气调节设计规范》规定，相对湿度较大的房间宜采用铸铁散热器。然而，不少工程的卫生间采用钢制散热器，亦未加强防腐措施，这是不正确的。这样在长时间使用后，散热器的串片就会被腐蚀。因此，此类场所最好采用铸铁散热器或铝制散热器。

（四）楼梯间散热器立、支管未单独配置

有的工程将楼梯间散热器与邻室供暖房间散热器共用一根立管，采用双侧连接，一侧连接楼梯间散热器，另一侧连接邻室房间散热器，而且散热器支管上设置了阀门。在这种情况下，就会出现相互影响的情况，一旦一家产生故障，就会殃及邻居。针对这种情况，应该要求散热器应由单独的立、支管供热，且不得装设调节阀。

（五）膨胀水箱与热（冷）水系统的连接不符合规范要求

《锅炉房设计规范》规定，高位膨胀水箱与热水系统的连接管上不应装设阀门。这里所说的连接管是指膨胀管和循环管。此规定对空调冷冻水系统也是适用的。但有的空调冷冻水系统高位膨胀水箱的膨胀管接至冷冻机房集水器上且安装了阀门，这是不允许的，一旦操作失误，将危及系统安全。

（六）通风空调系统防火阀的设置不符合规范要求

风管不宜穿过防火墙或变形缝，如必须穿过时，应在穿过防火墙处设防火

阀；穿过变形缝时，应在两侧设防火阀。然而，有的高层建筑，风管穿防火墙处未设防火阀，有的风管穿过变形缝时仅在一侧设有防火阀，而另一侧则未有设置。另外，有些工程防火阀的位置设置不当。按要求防火阀应紧靠防火墙设置，且连接防火阀的穿墙风管厚度≥2.0 mm，防火墙两侧各2 m范围内的风管应采用不燃材料保温。但有些工程通风空调风管上的防火阀随意设置，远离防火墙，其间的风管既未注明加厚，亦未采取任何保护措施，存在隐患。

二、解决暖通设计问题的有效对策

（一）房屋冷热不均

从根本上解决的办法是将发热量相差悬殊的房间不用一个集中低速空调系统，或采取分散机组，或采用水-空气系统，即新风加风机盘管系统。在每个房间设风机盘管，而新风统一处理，集中系统供应。由风机盘管来负担室内的冷热负荷。每个房间的室温由室温调节器直接控制风机盘管的运行；新风只满足房间的换气要求，设定一个固定的送风温度，以送风温度来控制新风处理箱。这种系统的实践，已收到满意的效果，若采用风机盘管（尤其是卧式）时，应特别注意凝结水盘的大小、位置及凝结水管的坡度，还有冷冻水管的保温。要确保从风机盘管系统没有任何水滴落下。

（二）吊顶回风短路

公共建筑中常用低速定风量空调系统，回风的方式，应视空调对象的具体情况而定。如高级宾馆的门厅大堂、舞厅，大型商场，大宴会厅，保龄球场等可采用集中回风方式。而对小商店小餐厅、小客厅及小间的游艺室等，因其间隔多，且易改变，应采用有回风管道的均匀回风方式。使每一间隔内有良好的送排风系统。吊顶回风介于集中回风与管道回风之间，实际上由于土建施工时吊顶内的墙洞堵不严实、墙不砌到顶等，所以不可能按理想的风量均匀回风。因此，除了在空间的房间可采用吊顶回风外，间隔墙多的小房间不宜采用集中的吊顶回风方式，因为实际上这种方式往往是靠近机房的回风口回风量大，而远处的吊顶回风口几乎不起作用。

（三）风机并联

风机并联后之风量小于单独运行之风量。如果两台同型号风机单独时之风量为 QB，联合运行之风量为 QA，此时，QA<2 QB，而 QA = 2 QC，而 QC<QB，即联合运转时风机风量减少 QB-QC，所以设计时应考虑并联运行风量减少这一因素，尽量减少系统阻力。

（四）注重经济性

经济性是目前暖通空调方案比较中考虑最多的一个问题。应采用相同的设计要求、使用情况、设备档次、能源价格、舒适状况、美观情况等基准条件进行比较，这样才能保证方案比较结果的科学性和合理性。

因此，在经济性比较时，切忌图省事，直接采用有关厂家给出的比较数据和结果。工作人员曾发现，对电供暖的运行费用，三个不同设备（电锅炉、水源热泵和户式燃气供暖炉）厂家提供的计算结果大相径庭。通过对其计算过程的详细核对，发现不同设备生产厂家由于考虑问题的角度不同，计算中存在一些有利于自己产品、不利于他人产品的失误或假设。对此设计人员应给予足够重视，对厂家提供的数据认真分析和核对。

同时，在设计中应进行经济性比较时应综合考虑投资、运行费用以及设备的使用寿命，以相同的使用周期为基准，进行综合经济性的计算比较，而不能简单地根据设备报价进行比较。对于同时有供暖和空调要求的项目，应考虑冬季和夏季设备综合利用问题，进行冬夏季综合经济性比较。对于可以兼供生活热水的工程，应综合考虑生活热水供应的投资和能耗。

（五）考虑节能因素

系统的调试是重要但容易被忽视的问题。只有调试良好的系统才能满足要求，并且实现运行节能。如果系统调试不合理，往往采用加大系统容量才能达到设计要求，不仅浪费能量，而且造成设备磨损和过载，必须加以重视。例如有的办公楼未调试好就投入使用，结果由于裙房的水管路流量大大超过应有的流量，致使主楼的高层空调水量不够，不得不在运行一台主机时开启两台水泵供水，以满足高层办公室的正常需求，造成能量浪费。同样运行管理的质量决定了运行能耗。按照要求管理人员应该能够根据季节气候的变化以及建筑自身的特点来运行设备，但是大多数工程对管理和操作人员的培训及考核没有量化指标，难以调动人员积极性，这是应当改进的方面。例如某个项目具有三台制冷机和三台水泵的空调系统，因为水量调节阀装在距地面 3 m 高的位置，操作不方便，致使冷冻机进出口阀门全年常开，在运行一台制冷机时，有 2/3 的冷却水进入停运的两台冷冻机内，没有起到应有的冷却作用，导致必须开启两台冷却水泵才能满足一台冷冻机的正常冷却要求，造成能量的大量浪费。

（六）原因及处理方法

（1）对现行设计规范、规定、标准学习不够，贯彻执行不够，因此，应加强对现行设计规范、规定、标准的学习，提高贯彻执行设计规范的自觉性。

（2）设计过程中缺乏多方案技术经济比较，随意性较大。应像建筑方案设计一样，进行多方案比较，做出合理的设计。

（3）图纸审查不严甚至流于形式。应坚持三审（自审、审核、审定）制，确保设计（含图纸、计算书）质量，杜绝出现差错。

综上所述，造成暖通设计问题的原因很多，有些是由于设计人员考虑问题不够全面、细致，这就要求我们暖通设计人员真正做到认真负责，在工程建设的第一道工序上把好关，这样才能确保建设工程的质量和良好的经济效益。

第三章　建筑通风及防排烟设计

建筑通风及防排烟系统是现代建筑设计中不可或缺的重要组成部分，它们不仅关乎建筑物内部的空气质量与舒适度，更直接影响到人员的生命安全。随着城市化进程的加快以及人们对居住和工作环境要求的提高，如何设计出既高效又环保的通风及防排烟系统成为了建筑师和工程师们面临的一项重大挑战。

第一节　建筑的通风方式

一、通风的分类

通风就是采用自然或机械方法使风可以无阻碍到达房间或密封的环境内，被污染的空气可以直接或经净化后排出室外，使室内达到符合卫生标准及满足生产工艺的要求，以营造卫生、安全等适宜空气环境的技术。通风是一种经济有效的环境控制手段，当建筑物存在大量余热、余湿和有害物质时，应优先使用通风措施加以消除。

建筑通风应从总体规划、建筑设计和工艺等方面采取有效的综合预防和治理措施。对通风过程中不可避免放散的有害或污染环境的物质，在排放前必须采取通风净化措施，并达到国家有关大气环境质量标准和各种污染物排放标准的要求。通风系统可以按照通风系统的作用范围和作用动力进行分类。

（一）按通风系统作用范围分

1. 全面通风

全面通风是对整个房间进行通风换气，用送入室内的新鲜空气把房间里的有害物浓度稀释到卫生标准的允许浓度以下，同时把室内被污染的空气直接或经过净化处理后排放到室外大气中。

2. 局部通风

局部通风是采用局部气流，使工作地点不受有害物的污染，从而营造良好的局部工作环境。与全面通风相比，局部通风除了能有效地防止有害物质污染环境和危害人们的身体健康外，还可以大大减少排出有害物所需的通风量。

（二）按照通风系统的作用动力分

1. 自然通风

自然通风是利用室外风力造成的风压以及由室内外温度差和高度差产生的热压使空气流动的通风方式。其特点是结构简单、不用复杂的装置和消耗能量，是一种使空气流动的经济的通风方式，应优先采用。

2. 机械通风

机械通风是依靠风机提供动力使空气流动，散发大量余热、余湿、烟味、臭味及有害气体等的。无自然通风条件或自然通风不能满足卫生要求的，或是人员停留时间较长且无可开启的外窗的房间或场所应设置机械通风。

二、自然通风

自然通风对改善人员活动区的卫生条件是最经济有效的方法，应优先利用自然通风控制室内污染物浓度和消除建筑物余热、余湿。对采用自然通风的建筑，应同时考虑热压以及风压的作用，对建筑进行自然通风潜力分析，并依据气候条件设计自然通风策略。

由于建筑物的阻挡，建筑物周围的空气压力将发生变化。在迎风面，空气流动受阻，速度减小，静压升高，室外压力大于室内压力。在背风面和侧面，由于空气绕流作用的影响，静压降低，室外压力小于室内压力。与远处未受干扰的气流相比，这种静压的升高或降低称为风压。静压升高，风压为正，称为正压；静压降低，风压为负，称为负压。具有一定速度的风由建筑物迎风面的门窗吹入房间内，同时又把房间中的原有空气从背风面的门、窗压出去（背风面通常为负压）。

民用建筑风压作用的通风量应按过渡季和夏季的自然通风量中的最小值确定，而室外风向应按计算季节中的当地室外最多风向确定，室外风速按基准高度室外最多风向的平均风速确定。当采用 CFD 数值模拟时，应考虑当地地形条件下的梯度风影响。值得注意的是，仅当建筑迎风面与计算季节的最多风向成45~90°角时，该面上的外窗或开口才可作为进风口进行计算。

在大多数工程实际中，建筑物中热压和风压的作用是很难分隔开来的。在风压和热压共同作用的自然通风中，通常热压作用的变化较小，风压的作用随室外气候变化较大。当建筑物受到风压和热压的共同作用时，在建筑物外围护结构各窗孔上作用的内外压差等于其所受到的风压和热压之和。

建筑的自然通风量受室内外温差、室外风速、风向，门窗的面积、形式和位置等诸多因素的制约，拟采用以自然通风为主的建筑物，应依据气候条件优化建筑设计。民用建筑在利用自然通风设计时，应符合下列规定：

（1）利用穿堂风进行自然通风的建筑，其迎风面与夏季最多风向宜成60~90°角，且不应小于45°。建筑群宜采用错列式、斜列式平面布置形式以替代行列式、周边式平面布置形式。

（2）自然通风应采用阻力系数小、易于操作和维修的进排风口或窗扇。

（3）夏季自然通风用的进风口，其下缘距室内地面的高度不应大于 1.2 m；冬季自然通风用的进风口，当其下缘距室内地面的高度小于 4 m 时，应采取防止冷风吹向人员活动区的措施。

（4）采用自然通风的生活、工作房间的通风开口有效面积不应小于该房间地板面积的 5%；厨房的通风开口有效面积不应小于该房间地板面积的 10%，并不得小于 0.60 m²。

工业建筑在利用自然通风的设计时，应符合下列规定：

（1）厂房建筑方位应能使室内有良好的自然通风和自然采光，相邻两建筑物的间距一般不宜小于二者中较高建筑物的高度。高温车间的纵轴宜与当地夏季主导风向相垂直，当受条件限制时，其夹角不得小于45°，使厂房能形成穿堂风或能增加自然通风的风压。高温作业厂房平面布置呈 L 形、Ⅱ 形或 Ⅲ 形的，其开口部分宜位于夏季主导风向的迎风面。

（2）以自然通风为主的高温作业厂房应有足够的进风、排风面积。产生大量热气、湿气、有害气体的单层厂房的附属建筑物占用该厂房外墙的长度不得超过外墙全长的30%，且不宜设在厂房的迎风面。

（3）夏季自然通风用的进气窗的下端距地面不宜大于 1.2 m，以便空气直接吹向工作地点。冬季需要自然通风时，应对通风设计方案进行技术经济比较，并根据热平衡的原则合理确定热风补偿系统容量，进气窗下端一般不宜小于 4 m。若小于 4 m 时，宜采取防止冷风吹向工作地点的有效措施。

（4）以自然通风为主的厂房，车间天窗设计应满足卫生要求；阻力系数小，通风量大，便于开启，适应不同季节要求，天窗排气口的面积应略大于进风窗口及进风门的面积之和。

（5）高温作业厂房宜设有避风的天窗，天窗和侧窗宜便于开关和清扫。热加工厂房应设置天窗挡风板，厂房侧窗下缘距地面不宜高于 1.2 m。

此外，结合优化建筑设计，还可通过合理利用各种被动式通风技术强化自然通风。当常规自然通风系统不能提供足够风量的时候，可采用捕风装置加强自然通风。当采用常规自然通风难以排除建筑内的余热、余湿或污染物时，可采用屋顶无动力风帽装置，而无动力风帽的接口直径宜与其连接的风管管径相同。当建筑物不能很好地利用风压或者浮升力不足以提供所需风量的时候，可采用太阳能诱导等通风方式。由于自然通风量很难控制和保证，存在通风效果不稳定的问题，在应用时应充分考虑并采取相应的调节措施。

三、机械通风

依靠通风机的动力使室内外空气流通的方式称为机械通风。当自然通风不能满足要求时，应采用机械通风，或自然通风和机械通风相结合的复合通风方式。相对自然通风而言，机械通风需要消耗电能，风机和风道等设备会占用一部分面积和空间，初投资和运行费用较大，安装管理较为复杂。而机械通风的优点也是非常明显，机械通风作用压力的大小可根据需要由所选的不同风机来控制，可以通过管道把空气按要求的送风速度送到指定的任意地点，可以从任意地点按要求的排风速度排除被污染的空气，可以组织室内气流的方向，可以根据需要调节通风量和获得稳定通风效果，并根据需要对进风或排风进行各种处理。按照通风系统应用范围的不同，机械通风可分为全面通风和局部通风。

（一）局部通风概述

通风的范围限制在有害物形成比较集中的地方，或是工作人员经常活动的局

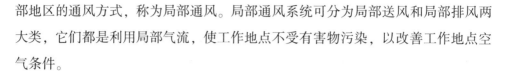

部地区的通风方式，称为局部通风。局部通风系统可分为局部送风和局部排风两大类，它们都是利用局部气流，使工作地点不受有害物污染，以改善工作地点空气条件。

1. 局部送风

向局部工作地点送风，保证工作区有良好空气环境的方式，称为局部送风。对于空间较大、工作地点比较固定、操作人员较少的生产车间，当用全面通风的方式改善整个车间的空气环境存在技术困难或不经济时，可用局部送风。局部送风系统又可细分为系统式和分散式两种。而这种将冷空气直接送至人作业点的上方，使作业人员沐浴在新鲜冷空气中的局部送风系统也称作空气淋浴。分散式局部送风一般使用轴流风机，适用于对空气处理要求不高、可采用室内再循环空气的地方。

2. 局部排风

在局部工作地点排出被污染气体的系统称局部排风。为了减少工艺设备产生的有害物对室内空气环境的直接影响，将局部排风罩直接设置在产生有害物的设备附近，及时将有害物排入局部排风罩，然后通过风管、风机排至室外，这是污染扩散较小、通风量较小的一种通风方式。应优先采用局部排风，当不能满足卫生要求时，再采用全面排风。局部排风也可以是利用热压及风压作为动力的自然排风。

3. 局部送、排风

局部通风系统也可以采用既有送风又有排风的通风装置，在局部地点形成一道风幕，利用这种风幕来防止有害气体进入室内，是一种既不影响工艺操作又比单纯排风更为有效的通风方式。

供给工作场所的空气一般直接送至工作地点。对建筑物内放散热、蒸汽或有害物质的设备，宜采用局部排风。放散气体的排出应根据工作场所的具体条件及气体密度合理设置排出区域及排风量。含有剧毒、高毒物质或难闻气味物质的局部排风系统，或含有较高浓度的爆炸危险性物质的局部排风系统所排出的气体，应排至建筑物外空气动力阴影区和正压区之外。为减少对厂区及周边地区人员的危害及环境污染，散发有毒有害气体的设备所排出的尾气以及由局部排气装置排出的浓度较高的有害气体应通过净化处理后排出；直接排入大气的，应根据排放气体的落地浓度确定引出高度。当局部排风达不到卫生要求时，应辅以全面排风或采用全面排风。

对于逸散粉尘的生产过程，应对产尘设备采取密闭措施，并设置适宜的局部排风除尘设施对尘源进行控制。须注意的是，防尘的通风措施与消除余热、余湿和有害气体的情况不同，一般情况下单纯增加通风量并不一定能够有效地降低室内空气中的含尘浓度，有时反而会扬起已经沉降落地或附在各种表面上的粉尘，造成个别地点浓度过高的现象。因此，除特殊场合外很少采用全面通风的方式，而是采取局部控制，防止进一步扩散。

（二）全面通风概述

全面通风是在房间内全面地进行通风换气的一种通风方式。全面通风又可分为全面送风、全面排风和全面送、排风。当车间有害物源分散、工人操作点多、安装局部通风装置困难或采用局部通风达不到室内卫生标准的要求时，应采用全面通风。

1. 全面送风

向整个车间全面均匀进行送风的方式称为全面送风。全面送风可以利用自然通风或机械通风来实现。全面机械送风系统利用风把室外新鲜空气经过风道、风口不断送入室内，将室内空气中的有害物浓度稀释到国家卫生标准的允许浓度范围内，以满足卫生要求。

2. 全面排风

在整个车间全面均匀进行排气的方式称为全面排风。全面排风系统既可利用自然排风，也可利用机械排风。全面机械排风系统利用全面排风将室内的有害气体排出，而进风来自不产生有害物的邻室和本房间的自然进风，这样形成一定的负压，可防止有害物向卫生条件较好的邻室扩散。

3. 全面送、排风

一个车间常常采用全面送风系统和全面排风系统相结合的系统。对门窗密闭、自行排风或进风比较困难的场所，通过调整送风量和排风量的大小，使房间保持一定的正压或负压。

对于全面排风系统，当吸风口设置于房间上部区域用于排除余热、余湿和有害气体时（含氢气时除外），吸风口上缘至顶棚平面或屋顶的距离不大于 0.4 m；用于排除氢气与空气混合物时，吸风口上缘至顶棚平面或屋顶的距离不大于 0.1 m；而位于房间下部区域的吸风口，其下缘至地板间距不大于 0.3 m。因建筑结构造成有爆炸危险气体排出的死角处，还应设置导流设施。

对于机械送风系统，其进风口的位置应设在室外空气较清洁的地点并低于排风口，且相邻排风口应合理布置，避免进风、排风短路。对有防火防爆要求的通风系统，其进风口应设在不可能有火花溅落的安全地点，排风口应设在室外安全处。

4. 事故通风

事故通风是为防止在生产生活中突发事故或故障时，可能突然放散大量有害、可燃或可爆气体、粉尘或气溶胶等物质，造成严重的人员或财产损失而设置的排气系统。它是保证安全生产和保障工人生命安全的一项必要措施。要注意的是，事故通风不包括火灾通风。

事故排风的进风口应设在有害气体或有爆炸危险的物质放散量可能最大或聚集最多的地点，且应对事故排风的死角处采取导流措施。事故排风装置的排风口应设在安全处，远离门、窗及进风口和人员经常停留或经常通行的地点，尽可能避免对人员的影响，不得朝向室外空气动力阴影区和正压区。事故排风系统（包括兼做事故排风用的基本排风系统）应根据建筑物可能释放的放散物种类设置相应的检测报警及控制系统，系统手动控制装置应装在室内外便于操作的地点。若放散物包含有爆炸危险的气体时，还应选取防爆的通风设备。

事故通风量宜根据放散物的种类、安全及卫生浓度要求，按全面排风计算确定，要保证事故发生时，控制不同种类的放散物浓度低于国家安全及卫生标准所规定的最高允许浓度，且对于生活场所和燃气锅炉房的事故排风量应按换气次数不少于 12 次/h 确定，而燃油锅炉房的事故排风量应按换气次数不少于 6 次/h 确定。生产区域的事故通风风量宜根据生产工艺设计要求通过计算确定，但换气次数不宜少于 12 次/h。事故排风宜由经常使用的通风系统和事故通风系统共同保证，而当事故通风量大于经常使用的通风系统所要求的风量时，宜设置双风机或变频调速风机。

四、全面通风

(一) 全面通风量的确定

所谓全面通风量，是指为了改变室内的温度、湿度或把散发到室内的有害物稀释到卫生标准规定的最高允许浓度以下所需要的换气量。室内全面通风量是满足人员卫生要求、保持室内正压和补充排风、降低各种有害物浓度所必需的。计算通风量主要采用最小新风量法、风量平衡法和换气次数法，计算时应以风量平衡法和质量平衡法为基本方法。

国家现行相关标准《工业企业设计卫生标准》对多种有害物质同时放散于建筑物内时的全面通风量确定已有规定，可参照执行。当有数种溶剂（苯及其同系物或醇类或醋酸类）的蒸气或数种刺激性气体（三氧化二硫及三氧化硫或氟化氢及其盐类等）同时在室内放散时，全面通风量应按各种气体分别稀释至最高允许浓度所需的空气量的总和计算。除上述有害气体及蒸气外，其他有害物质同时放散于空气中时，通风量仅按需要空气量最大的有害物质计算。

(二) 全面通风的气流组织

全面通风的效果不仅与全面通风量有关，还与通风房间的气流组织有关。气流组织设计时，宜根据污染物的特性及污染源的变化进行优化。组织室内送风、排风气流时，应防止房间之间的无组织空气流动，不应使含有大量热、蒸汽或有害物质的空气流入没有或仅有少量热、蒸汽或有害物质的人员活动区，且不应破坏局部排风系统的正常工作。重要房间或重要场所的通风系统应具备防止以空气传播为途径的疾病通过通风系统交叉传染的功能。全面通风的进、排风应使室内气流从有害物浓度较低地区流向较高的地区，特别是应使气流将有害物从人员停留区带走。

从立面上看，一般通风房间气流组织的方式有上送上排、下送下排、中间送上下排、上送下排等多种形式。在设计时具体采用哪种形式，要根据有害物源的位置、操作地点、有害物的性质及浓度分布等具体情况，按下列原则确定：

(1) 送风口应尽量接近并首先经过人员工作地点，再经污染区排至室外。

（2）排风口尽量靠近有害物源或有害物浓度高的区域，以利于把有害物迅速从室内排出。

（3）在整个通风房间内，尽量使进风气流均匀分布，减少涡流，避免有害物在局部地区积聚。

工程设计中，通常采用以下气流组织方式：

（1）如果散发的有害气体温度比周围气体温度高，或受车间发热设备影响产生上升气流，不论有害气体密度大小，均应采用下送上排的气流组织方式。

（2）如果没有热气流的影响，散发的有害气体密度比周围气体密度小时，应采用下送上排的形式；比周围空气密度大时，应从上下两个部位排出，从中间部位将清洁空气直接送至工作地带。

（3）在复杂情况下，要预先进行模型试验，以确定气流组织方式。因为通风房间内有害气体浓度分布除了受对流气流影响外，还受局部气流、通风气流的影响。

根据上述原则，对同时散发有害气体、余热、余湿的车间，一般采用下送上排的送排风方式。清洁空气从车间下部进入，在工作区散开，然后带着有害气体或吸收的余热、余湿流至车间上部，由设在上部的排风口排出。这种气流组织可将新鲜空气沿最短的路线迅速到达作业地带，途中受污染的可能较小，工人在车间下部作业地带操作，可以首先接触清洁空气。同时，这也符合热车间内有害气体和热量的分布规律，一般上部的空气温度或有害物浓度较高。

第二节　通风空调对室内空气品质影响

直至 20 世纪 60 年代中期，对非工业环境中的空气品质及其健康问题研究几乎无人涉足。也许当时人们还没有将健康问题与室内空气品质联系起来。如今人们的空气微污染意识很高，也引起对空气品质研究的重视。目前室内空气品质问题已成为人们关注的热点，减少由此产生的建筑病综合征（Sick Building Syndrome）始终是暖通空调工程师面对的问题。一般来说，改善室内空气品质无非有以下三种措施：①消除或控制污染；②提高通风空调稀释效应；③室内空气自净。

当然消除或控制室内污染是最有效、最根本的解决措施。特别是控制建筑装饰材料中污染物的释放量似乎是最关键一环。对此，我国颁布了室内空气品质标准以及室内建筑装饰材料有害物限量的 10 项标准，就是这条思路。其实这是一种非常理想化的控制思路，事实上既不可能存在无污染的材料，也不可能完全消除室内所有污染。这会涉及以下两个问题：①如何确定污染散发量的上限值；②如何控制室内污染总量。

目前不可能从人的健康角度来确定污染种类与上限控制值，如从"致病、致癌、致畸"来确定污染物，那又是过去控制空气污染的一套思路。如果标准确定的污染散发量的上限值偏高，就失去控制意义，或者说不可能达到人们健康舒适的要求。如果确定的上限值过低，首先是否有合适技术规模化生产这种无污染材料，其次制造出这种无污染材料的生产成本与销售价格，这与我国的科学技术、经济实力及社会消费水平有关。世界上无论哪一个工业国家标准的最终控制指标几乎都是这些因素"协调"的结果，我国标准也是如此。或者说我国标准可以控制高污染散发量的材料，但无法控制低浓度污染的材料，更无法控制一幢大楼中采用大量的低浓度污染材料。其产生的最终结果恰恰是多种长期低浓度污染的综合作用，而目前出现的大量室内空气品质问题就是这样形成的。

采用空气自净的方法虽然可以在一定程度上改善空气品质，但是对于人体生物散发物和挥发性有机物（VOC）等室内主要污染物，尤其是对低水平污染，其去除效果是极为有限的。另外低水平污染去除效率也难以判别，自净后的空气是不可能达到新风的程度。美国采暖、制冷与空调工程师学会（ASHARE）发布的《ASHARE》标准 62. 1—2014 特别规定：不允许用空气自净器完全代替室外新鲜空气。

看来，目前改善室内空气品质最有效的手段似乎是通风空调的稀释作用。的确通风是人们最原始、最有效、最价廉的手段，而引起室内空气品质问题，诱发建筑病综合征的重要原因之一往往是"不良通风"。

一、深层次认识通风空调对室内空气品质的负面影响

通风的目的是将新鲜空气送入建筑物内，将室内产生的污染物稀释并排出室外，以创造健康舒适的室内环境。室外气候或室内发热与发湿使得室内状态不能

达到舒适状态时，只能采用空调。为了节能空调不得不采用最小新风量，尽管近年来对室内空气品质十分重视，付出了很大的努力，如加大送风量来改善室内空气品质，提高通风空调的稀释作用；也有采用各种净化产品与技术措施来提高送风的品质，但实际效果总是不尽如人意。关键在于对通风空调自身污染对室内空气品质的负面影响却未引起人们深入认识与足够重视。

可以设想一下，如果能开窗进行良好的自然通风，室内就不存在空气品质问题。为什么一开空调问题就出现了，哪怕系统有合格的新风！反过来说如果空调送风也像开窗的自然风一样岂不一切空气品质问题都解决了。问题出在何处？问题就在于空调系统被污染了。

诚然，近年来国内有大量文献报道空调通风系统的自身污染，已经认识到空调系统容易积尘，冷却去湿盘管，冷凝水盘与排水水封容易积水，在空调箱和管道内表面可能结露，长期使用空气过滤器表面可能受潮，等等，系统中的积尘与积水均为微生物不断定植和繁殖创造条件，一旦条件成熟就会出现微生物污染，被我们定义为"二次污染"。而且大量文献报道目前我国空调系统污染现状的普遍性与严重性令人震惊，经过这几年努力，空调系统管理也有了相应的规范。似乎问题已经解决，但是空调系统自身污染的深层次问题并没有被人们完全认识。

随着管理与清洗工作的加强，空调系统内严重积尘问题得以解决。近年来，国外大量文献却报道了湿度控制与室内空气品质问题，并证实室内空气的生物性污染，如病毒、细菌和放线菌、真菌、微生物体成分、植物体碎片、原虫和昆虫碎片和排泄物、细胞产物和蛋白质等，绝大多数来自空调系统污染和室内湿度失控。不适宜的空调怎么会使室内致病致敏因子大增，导致室内空气品质下降，甚至导致室内生物性污染？目前国外空调通风系统的生物污染问题日趋凸显出来，已成为影响 IAQ 主要因素。这是否对我们有所启示？由于空调是十分耗能的产品，自发明至今一直以节能为首要任务，无论部件制造还是系统设计千方百计提高热湿交换效率，降低能耗，几乎没有防范微生物污染的措施。尽管空调的水喷淋的热湿交换性能与效率几乎无可比拟，但考虑到会产生微生物污染，不得不放弃。现在为了提高冷却去湿盘管的效率，加大了空气侧翅片的面积，并在翅片上打皱与开窗口，破坏翅片表面层流层以强化换热。为保证盘管表面风速均匀、热湿交换充分，常将盘管处于机组负压段，这就带来凝水盘排水问题，只有依靠水封才能保证在负压段排出冷凝水，一旦水封做不好，空调机组就容易积水。空调机组通过盘管表面的风速较高，加上翅片加工时表面的油渍，使得翅片表面的冷凝形成的微小水滴易被带走，尽管有挡水板，但带水量也不少，造成下游空气过滤器受潮。可以说，空调系统自身结构到处可以积尘、积水，一旦条件成熟，微生物污染是难免的，或者说从深层次讲微生物污染隐患自空调机发明以来就存在了，难以消除。事实上，我国空调机组微生物污染是普遍存在的，如没有发生严重积尘与霉变，一般不予重视。实际上对空调系统中微生物繁殖所释放气态代谢物污染绝不能掉以轻心，异味或多种 VOC 就是其繁殖的代谢产物。可以知道空调系统中新风品质是稀释室内污染的关键，如果新风被空调系统污染，混杂了微生物代谢产生异味或 VOC 就会变味，丧失了稀释的效应，甚至变成了污染源。这就是系统新风量增加了，对室内空气品质改善作用效果不大的原因。

　　在国内一谈到微生物污染往往将其与致病联系起来，如军团病等。但微生物污染对人的致敏作用与致病作用一样大，实际上，在室内空气品质领域中应更为重视致敏作用，致敏影响人群的范围与危害程度远超致病。当系统发生二次污染，微生物繁殖所释放代谢物可分为颗粒和气态污染物。其颗粒物可能是致病菌，但绝大多数是过敏原，可诱发呼吸道黏膜刺激、支气管炎和慢性呼吸障碍、过敏性鼻炎和哮喘、过敏性肺炎、呼吸道传染病感染等疾病。这些疾病的症状与由室内空气品质诱发的"建筑病综合征"雷同。另外，水加湿器及其电极加湿器的存水容器等引起室内人员发热也常有报道。现在国外过敏的人群日益趋多，消除室内空气中的过敏原已成为当今重大公共卫生难题。我国儿童的哮喘发病率也一直上升，我国医学界对普通空调环境中的生物性污染因子研究越来越重视。

　　可见，人们本来期望通风空调可以有效改善室内空气品质，现在却使人痛心地认识到空调系统自身的污染已成为改善室内空气品质的关键因素。即使是空调系统的低水平污染，也足以使新风变味，大大降低了新风的稀释效应。空调对室内空气品质是把双刃剑，既有有利的一面，又有不利的一面。而负面的影响很容易掩盖其正面作用，使正面作用黯然。甚至可以说通风空调的作用如果能首先消除其自身的负面影响，这已是对室内空气品质最大的贡献。只有在这一前提下才能提及其正面的稀释效应。这也许是对暖通空调的嘲讽，但这也是暖通空调专业人士不得不承认的残酷事实。

二、有效发挥通风空调对室内空气品质的正面作用

对室内环境控制来说人的健康是永恒的主题，当空调转向以提高室内空气品质为目标，暖通空调工程师不得不面临许多新的挑战。特别是如何消除通风空调对室内空气品质的负面影响，有效发挥其正面作用有许多文章可做。

（一）最大限度保持新风原有品质

有效发挥通风空调系统的正面作用，就要强调新风对室内污染稀释的重要作用，强调新风对改善室内空气品质有着其他措施不可替代的效果。要求对新风进行处理时，应尽量保持新风原有的品质和气味。

影响"可接受室内空气品质"的最主要因素是异味、尘埃、微生物污染。传统空调系统的新风过滤只采用粗效过滤器。要使室内可吸入颗粒物达到 $0.15 \ mg/m^3$，单靠通风是不行的，必须采用良好空气过滤器。送风中含尘量过大会直接影响室内人员对室内空气品质的接受程度。

为了确保新风品质，有必要利用新风年龄和新风途径污染的概念来对新风流经空调系统的过程加以分析。应将新风从进入系统到最终供室内人员呼吸的整个过程分为两个阶段分别加以控制。第一个阶段是新风从新风口到室内送风口，对该过程的控制主要体现为新风口的选取、新风的过滤处理、新风系统的入室方式等问题。第二个阶段是新风从送入室内到最终供室内人员呼吸，对该过程的控制主要体现为合理地控制室内气流组织形式，以保证呼吸区内空气年龄最小、新风品质最高。

因此采用新风独立处理（或预处理），尽量减小系统对新风的污染。在设计空调系统时，应尽量缩短新风输送途径，尽量使新风直接入室，是十分必要的。

（二）消除空调机组污染

有效发挥通风空调系统的正面作用，就要强调消除空调机组污染。系统中换热器（盘管）是影响室内空气品质的潜在污染源，也是微生物气溶胶的发生源。许多空调系统由于空气过滤器效率较低，普遍存在盘管积灰等情况；即使使用较高效率的过滤器，但也会因安装不善引起过滤渗漏或旁通，导致颗粒物穿透；盘

管上冷凝膜的存在会阻留气溶胶，导致沉积的增加，盘管凝水盘的滞水会产生藻类。这些颗粒物的存在和盘管自身的工作环境一起，成为微生物生长的必要条件。

微生物气溶胶在换热器表面的沉积生长会产生如下问题：有机体产生的代谢产物，例如真菌毒素，会引起刺激、过敏，产生臭味，甚至引起疾病；送风很容易带走真菌孢子，对室内人员造成不利影响，沉积在建筑物其他部件表面并生长；微生物物质在换热器上的沉积生长会影响空调器的能效。

提及空气过滤器，常常使人感到是改善空气品质的最有效措施。其实与新空气过滤器相比，使用过的过滤器的感官污染负荷要大得多。许多研究发现，空气过滤器本身不是污染源，真正的污染源是其上滤集的颗粒物。这些颗粒物不仅积聚在过滤器表面，还会深入过滤器内部，形成"过滤器饼"。在晚间通风系统关闭或以最小新风量运行的状态下，过滤器表面的空气处于相对静滞的状态，"滤饼"中颗粒物吸收的气态污染物就扩散到过滤器表面，并积聚到一定浓度，在早晨刚开机时，随送风进入室内，形成一段时间的高污染物浓度。室内人员会感到有股异味，过敏人员会打喷嚏。这就是我国普遍存在的"开机污染"。但这些气态污染物在正常送风状态下很难积聚起来，因此在开机运行一段时间后，污染物浓度又会逐渐降低。

这种"开机污染"对健康人群影响不大，但过敏人群反应较大。如何消除生物性污染传统思路常会想到采用消毒措施，但许多消毒措施所带来的副产物或残留物对室内空气品质的影响已逐渐被人们所认识。一旦空调系统被消毒剂污染后患无穷。有效发挥通风空调系统的正面作用，可以借鉴生物医学领域解决室内生物性污染的思路，强调消除微生物繁殖基础（尘埃与水分），而非等微生物繁殖后再杀灭它，这才是最安全、最有效的措施。依据国标《室内空气质量标准》规定，一般室内场所只须控制微生物总数低于 2500 cfu/m^3。只要通风空调系统不污染，室内湿度不超标，采用良好的通风空调完全可以达到。因此一般场所的空调机的内部件与空气过滤器只须清水擦洗，保持干净完全满足要求，完全没有必要采用化学消毒或抗菌措施。这就是改善室内空气品质的特点。

（三）消除空调管路污染

应该辩证地看待流经风管的空气品质与风管污染之间的关系。其实空调系统微量积尘不会整天被吹落，如果积尘不潮湿，也不会影响室内空气品质。Klaus 指出，如果一个污染严重的过滤器位于一段长风管的上游，且风管中有一层厚的积尘，则滤过空气会因吸收而改善；但如果干净的空气通过脏的风管，其空气品质就会因解吸变差。只有干净的风管和干净的过滤器才提供好的空气品质。但即使在干净的风管内污染仍会随风管的长度增加。通风系统自身的风管材料对室内空气中 VOC 浓度影响很小。根据 Glenn 等人的实验结果，典型风管散发的 VOC 很少，通常只占室内 VOC 浓度的几个百分点。但由于进入机械通风建筑物内的大部分新风都要通过送风管，因此新风送风管的污染就显得很重要。软风管由于难以进行清洗，所以只限于接送风口的末端管路。

（四）系统湿度控制

有效发挥通风空调系统的正面作用，就要强调系统湿度控制。微生物的活动会随湿度的增加而增加，最适宜的相对湿度为 70% ~ 100%。因此要保证空调系统内，尤其是过滤器处空气的相对湿度不应超过 90%；对于初级过滤器，要保证三天以上的平均相对湿度不能超过 80%。但这样的规定也经常会引起人们的误解：以为将周围空气的相对湿度保持在低于 70% 就能防止微生物污染。事实上，强调相对湿度不能过高是为了防止在冷表面产生凝水，我们控制的最终对象是材料中水的含量，而不是空气中的水汽含量，因为前者决定微生物的生长。

为防止新风口处的过滤器吸入积雪或雨水受潮，可在新风引入口处安装防雨百叶，或增加新风管坡度、添加上弯的新风管弯头的做法；为防止第二级甚至更高级的空气过滤器由于效率较低的挡水器引起的浸湿，可将进入挡水器的最高风速限制在 3.5 M/s 以下。要防止系统内，特别是在过滤器、盘管和加湿器处出现长时间（12 h）的高湿度或湿表面，例如可以在定期关机时，先关闭加湿器和表冷器，等系统干燥后再关闭风机。新风口粗效过滤器受潮是难免的，盘管下游侧（处于机器露点，相对湿度常在 95%）的中效过滤器也会常常受潮，由于湿度控制不住微生物就会在过滤器上生长，产生令人不快的微生物挥发性有机化合物，成为过滤器感官污染负荷的一部分。可见消除微生物在过滤器上的繁殖倒是一个值得注意的问题，目前国内外一般采用以下三项措施：①不使过滤器受潮；②开发憎水性过滤材料；③采用抗菌过滤材料。

第三节　不同建筑物的防排烟设计

一、民用建筑工程设计中防排烟及通风

在民用建筑中，通常防排烟及通风的设施包括消防电梯前室、封闭电梯间、合用前室、避难间等，并在内走道、地下室、窗户（或无窗）、中庭等固定的位置安装防排烟及通风设备。通过设计防排烟及通风系统，能够在一定程度上提高其施工质量，并可以保护居住者的生命、财产安全。但是在实际设计中，常常由于多种因素，导致防排烟及通风系统的设计不符合相关的标准，这一现象需要引起设计人员与相关部门的重视。

（一）关于民用建筑工程防排烟及通风设计存在的规定

在我国，关于民用建筑工程中防排烟及通风的设计有以下规定：

（1）对防排烟及通风设施部位的规定。依据当前现行的工程设计标准可知，防排烟及通风的设施应该设置在防烟楼梯、电梯前室中。在设计的过程中，工作人员需要结合实际需求对防烟量、送风量进行详细的计算，从而满足设计需求。

（2）对自然防烟设施的部位规定。相关部门对自然防烟设施安置部位的规定为将自然防烟设施设置在阳台凹廊、防烟电梯间（前室）之中。除此之外，还可以在消防电梯井之中，安装机械送风的装置。

（3）对机械加压防烟送风部位的规定。如果民用建筑工程缺乏自然防排烟及通风的条件，就需要将机械设置安装在恰当的部位，从而实现防排烟及通风的目的。

（二）当前民用建筑工程防排烟及通风设计的问题

1. 配电设计不合理

（1）风机供配电不符合民用建筑工程的负荷标准。在很多的设计中，其风机的供配电并非属于消防电源，而是与建筑楼层中的照明电箱进行连接，或者使用单回路的接线设计方式，甚至在部分线路之中并没有对末端设置自动切换电源

的装置。基于这样的配电设计方式，不符合一级供电、二级供电的要求，影响防排烟及通风系统的性能。

（2）在安装防排烟及通风设施的过程中，其中的明敷配线设计缺乏合理性。具体而言，在很多防排烟及通风的设计中，基本上就是将相关的配电线穿在未刷防火涂料的金属管中，或者直接穿在 PVC 塑料管中。结合相关的规定能够发现，这样的线路明敷方式，并不能实现防火的目的，从而影响防排烟及通风自身的安全性。

2. 排烟阀存在隐患

在民用建筑工程之中，很多设计人员、施工人员缺乏对防排烟及通风系统价值的认识，降低了防排烟及通风系统设计的合理性。例如很多工作人员认为，防排烟及通风设施基本与送风阀相似，均能够达到防排烟及通风的标准，所以经常将排烟阀安装在防排烟及通风墙面的中间位置，这样的设计方式并不能实现防排烟及通风目的。

实际上，相关部门对于设计、安装排烟口有着明确的规定，如排烟口应该设计在靠近棚或者棚顶的位置，同时，与安全出口通道的距离应该大于 1.5 m。假设民用建筑工程在设计防排烟及通风系统时，将排烟口的位置设计为棚顶，那么其距离可燃物、可燃构建的距离应该在 1.0 m 以上，只有这样才能够更好地实现防排烟及通风的目的。

3. 自然排烟不规范

对于民用建筑工程中，自然排烟方式实际是最便捷的防排烟及通风设计手段，具有易操作、简单、经济、易维护等优势。但是，在很多民用建筑工程的设计中，并没有根据相关的规定对自然排烟进行设计。通常情况下，在民用建筑工程竣工以后，往往会发现自然排烟设施并不能发挥其自身的作用，其原因主要表现如下：①设计人员、施工人员缺乏对自然排烟系统限制条件的认识、把握；②在自然排烟系统的设计与施工中，其开窗的实际面积并没有达到具体的要求；③在设计的过程中，未对不具备自然排烟条件的区域进行防烟设计，无法发挥防排烟及通风系统的关键性功能。

（三）优化民用建筑工程防排烟及通风设计的路径

1. 地下车库与储藏室的设计

在民用建筑工程的设计中，地下车库、储藏室是其关键的构成部分，同时地下车库的疏散走道还常常与储藏室的防火门相互连接，所以在设计防排烟及通风系统的过程中，需要工作人员加大重视力度。结合相关部门所制定的关于民用建筑工程防排烟及通风的设计要求、规范，对地下车库与储藏室的设计应该践行以下两点原则：

（1）对地下车库的防排烟及通风系统设计。对地下车库而言，由于其使用功能的限制，为了优化地下车库的环境，就需要采用机械排烟的设计方式。一般来说，地下车库中的排烟系统常常与通风功能合并使用，所以在投入使用以后，需要相关人员防排烟及通风进行单独管理。

（2）对地下储藏室的防排烟及通风系统设计。在设计的过程中，如果是对单体建筑进行设计，尽可能采用自然排烟的方式，所以在施工时需要预留出一定的窗井。但是，如果自然条件不充足，则需要设计单独的防排烟及通风装置。

2. 独立地下车库的设计

在对民用建筑工程的地下车库进行防排烟及通风设计时，基本上就是结合车库的整体进行防排烟及通风设计。但是，在很多民用建筑工程之中，除了公用的地下停车库之外，还会为居住者提供独立的地下车库，而对独立地下车库的防排烟及通风系统设计方式，与传统的地下车库设计存在一定的差异。具体而言，在对独立地下车库的防排烟及通风进行设计时，其排烟口依然被设计在整个车库的上方位置，但是在对排烟量进行计算的过程中，需要将处于同一分区内的独立车库烟量纳入总量的计算范围之内。除此之外，在确定排烟口的位置时，排烟口与最远点之间的距离，应该计算其与独立地下车库的最远点距离，从而保证位置设计的合理性。通过这样的方式，能够在很大程度上优化防排烟及通风的设计，增强排烟与通风的效果。

3. 高大中庭的设计

在很多高大的民用建筑工程之中，会设计中庭结构，最大限度地采用自然排烟的设计方式，但是对于为了外观设计而影响自然排烟条件的中庭，并不能在其中安装排烟通道，从而增加了防排烟及通风设计的难度。对此，其解决方式包括以下两点：

（1）利用中庭的侧墙，也就是在未设置防火卷帘的一侧，设置自然排烟口，或者在防火卷帘的附近设置侧墙，从而为排烟口提供基本条件。

（2）在民用建筑的三层位置，设计与中庭相对应的防排烟及通风通道，并将排烟口位置设计在棚顶的位置。

二、工业建筑之自然排烟设计

（一）工业建筑中须设排烟设施的场所或部位

《建筑设计防火规范》中对工业厂房或仓库中需要设置排烟设施的场所或部位，做了明确的规定：①人员或可燃物较多的丙类生产场所，丙类厂房内建筑面积大于 300 m² 且经常有人停留或可燃物较多的地上房间。②建筑面积大于 5000 m² 的丁类生产车间。③占地面积大于 1000 m² 的丙类仓库。④高度大于 32 m 的高层厂房（仓库）内长度大于 20 m 的走道，其他厂房（仓库）内长度大于 40 m 的疏散走道。

之所以未提及甲、乙类厂房或仓库，是因为这两类厂房或仓库有爆炸危险，一旦着火，可能直接构成爆炸，往往不考虑排烟设施，重点考虑加强其防火设计及正常通风、事故通风等预防爆炸的技术措施。之所以未提及戊类厂房或仓库，是因为这类厂房或仓库生产、储存物质为不燃烧物品，火灾危险性小，不考虑排烟的设施。

丁类厂房或仓库火灾危险性也较小，但在建筑面积较大的丁类车间中，仍然可能存在火灾危险性较大或者可燃物较多的局部区域，比如空调生产与组装车间，有的制冷剂是可燃的，万一泄漏，遇到火源即有可能发生持续燃烧。再者，虽然丁类厂房内生产、储存物品为难燃物，但是物品的包装物很有可能是可燃的纸箱、泡沫等，而较大的生产车间，仅依靠外墙开口难以及时将烟气排除，因此，设置排烟设施可以有效预防火灾，减少人员伤亡及财产损失。

（二）防烟分区内任一点与最近的自然排烟窗（口）之间的水平距离要求

《建筑防烟排烟系统技术标准》（以下简称《烟规》）要求：防烟分区内任一点与最近的自然排烟窗（口）之间的水平距离不应大于 30 m。当工业建筑采用自然排烟方式时，其水平距离尚不应大于建筑内空间净高的 2.8 倍。如果按规范的字面理解，对于净高只有 3 m 的车间，净高的 2.8 倍才 8.4 m，而当自然排烟窗（口）设置在外墙时，应沿建筑物的两条对边均匀设置，这就要求建筑物的宽边不能大于 16.8 m，实际工程中，这样的工业建筑比较少。因此，按此条规范，对绝大多数工业建筑而言，只能采用机械排烟，这是极其不经济不合理的。幸而规范编委组专家后来对这一条给出了明确解释：①防烟分区内任一点到自然排烟窗（口）之间的水平距离不大于 30 M 的要求对于任何排烟场合都适用。②当工业建筑采用自然排烟方式时，净高大于 10.7 m 时，其水平距离尚不应大于建筑室内净高的 2.8 倍。10.7 m 的由来是这样的：30 m÷2.8≈10.7 m，也就是说，当采用自然排烟的工业建筑空间净高大于 10.7 m 时，其水平距离要求是适当放宽的，只要满足不大于空间净高的 2.8 倍即可。这就比较符合规范编制者的初衷，因此，设计师应读透规范，弄懂规范条文的编制目的。

（三）工业建筑的自然补风问题

众所周知，空气有进才能有出，因此，补风系统是排烟系统不可缺少的要素。《烟规》在补风章节中规定：除地上建筑的走道或建筑面积小于 500 m² 的房间外，设置排烟系统的场所应设置补风系统。在此简要探讨两个问题。

一，设置自然排烟系统的场所是否要设置补风系统？排烟系统应包括自然排烟系统和机械排烟系统，补风系统应包括自然补风和机械补风系统，根据字面意思可初步判定，设置自然排烟系统的场所应设置补风系统。再根据条文解释，不设补风系统的特例是设置机械排烟系统的地上走道和地上小于 500 m² 的房间，不是说这些场所不需要设置补风系统，而是因为这些场所的排烟量较小，可以通过建筑的门窗等缝隙渗透补风。如果专门设置补风系统，工程初投资和后期运行管理都要增加投入，不够经济，由此可见，任何设有排烟系统的场所，包括设置自然排烟系统的场所，均需要设置补风系统。因此，不能理解为只有机械排烟系统需要设置补风系统，从而造成设计失误。

二，设置自然排烟系统的场所设置自然补风系统还是机械补风系统？自然补风口风速要求是多少？其实，自然排烟系统的动力来源于火灾烟气的热浮力和建筑物外部风压，室内外空气温度差和排烟补风窗之间的高度差是必要条件，因此设置自然排烟系统的场所设置自然补风系统即可。如若设置机械补风，如同给着火场所设置鼓风机，助长火势。《烟规》指出：自然补风口的风速不宜大于 3 m/s,这个自然补风口风速限值适用于机械排烟、自然补风的情形，对于自然排烟、自然补风的情形，确定自然补风口的面积。从该公式不难发现，自然排烟进排风口面积与烟层平均温度和环境温度差、排烟窗下烟气层厚度有关。

三、大型商业建筑性能化防火设计

随着我国经济的飞速发展以及人民生活水平的不断提高，各地城市也涌现出大批体量庞大、装饰豪华、功能多样的大型商业建筑，以满足人们日益增长的物质、精神及文化需求。在商业建筑迅速发展的同时，由于消防措施不到位，使得大型商业建筑内的火灾频有发生，往往造成严重的人员伤亡及巨大的财产损失，对大量商业建筑火灾的归纳总结表明，商业建筑的主要火灾主要有以下几方面的特点：建筑空间大，多层相通，火灾蔓延快；人员密集、对疏散通道不熟悉，疏散困难；可燃物多，且一般集中堆放，容易引发大火；火灾后会产生大量有毒、有害气体，增加逃生及救援的难度。鉴于大型商业建筑火灾的以上特点，我们更应该从源头上提高此类建筑的防火性能，降低火灾发生的概率，减少火灾的人员伤亡及财产损失。

（一）性能化防火设计的主要内容及目标

性能化设计方法是一种新的建筑防火设计方法，它主要是根据建筑物的结构、用途和内部可燃物等情况，结合消防安全工程学的原理与方法，以最经济有效的方法将火灾的发生率控制在最低，并且确保发生火灾发生时能尽快将其扑灭，使得火灾时人员能够以最短的时间撤离，降低人员伤亡人数。

（二）大型商业建筑火灾防排烟的性能化设计

烟气组分取决于可燃物化学组成及燃烧时氧气供应充足与否、燃烧温度等条件，火灾时大量有毒烟气，可使人窒息死亡。因而建筑性能化防火设计中将烟气控制作为一个很重要的方面。

防排烟方面很重要的一点是要合理划分防烟分区。防烟分区指在建筑内部屋顶或吊顶下采用有一定挡烟功能的构配件进行分隔，从而形成具有一定蓄烟能力的空间。通常认为烟气蔓延 30 m 后会发生沉降，所以设计中以半径为 30 m 的圆的面积作为对防烟分区的面积限制。如大型商业建筑中的烟控系统可将每个商业防火分区划分为两个防烟分区，发生火灾的防烟分区只排烟不补风，另外一个防烟分区则不排烟只补风，为保证火灾区域为负压，补风量为排烟量的 50%，并可由门、缝隙等补足不足部分。排烟口和补风口均在空间的上部进行均匀分布。火灾时热烟气向周围防烟分区扩散，补风后的新鲜低温空气则向火灾防烟分区补充，二者反向运动，可减缓热烟气蔓延速度，保护人员安全疏散。

（三）大型商业建筑物人员安全疏散性能化设计

商业建筑物内可燃物质的数量及其燃烧性能，以及疏散通道的分布状况等决定了建筑物内人员的疏散时间。燃烧所产生的烟量越大，建筑内部人们可用来疏散的时间就越少，不同的人群疏散速度不同，所需的疏散时间也不同。若火灾时内部人员疏散所用时间超过建筑物允许疏散时间，其人身安全便会受到威胁。疏散设施齐全有效，疏散的效率也就越高，一般平直的、宽的走道所用的疏散时间要少些。消防安全制度落实情况及消防设施维护保养状况都会对疏散的快慢及有效与否产生较大的影响。

1. 人员荷载的确定

通常新建大型商业建筑的人员荷载已经相对较低，一般大型超市及批发市场人员密度最大，面向高端服务的精品商场人员密度比普通商业建筑的密度要低，建材类商业场所人员密度最低。大型商业建筑内的人员数量，不仅要根据建筑功能来定位，而且还要考虑建筑内竖向交通（电梯）输运能力的制约。所以可结合电梯的数量、轿厢尺寸、速度、载重量、停靠楼层等来估算高层建筑的人员荷载。

2. 火灾事故应急照明和疏散指示标志

确认商场发生火灾后，消防控制室应能马上将非消防电源切断，同时警报装置及火灾应急照明灯和疏散标志灯要接入应急电源系统。应急照明应设置在疏散通道、公共出口处。疏散照明指示标志设置应确保人员安全疏散和消防人员继续工作。

3. 应急广播

大型商业建筑内应设置火灾应急广播，以配合消防警报系统，及时、合理地组织火灾人员疏散。在走道和大厅等公共场所设置应急广播的扬声器，控制中心内能够根据视频监控提供的人员疏散数量、火势、烟气等情况，及时确定人员疏散路线，并通过应急广播进行指引。

4. 借用其他防火分区进行疏散

商业建筑内某一防火分区发生火灾时，在火灾初期其相邻防火分区是相对安全的，所以为解决疏散宽度不足的问题，可合理借用相邻防火分区进行疏散，但火灾相邻防火分区应具备足够的容量以进行缓冲。

（四）灭火系统的性能化防火设计

性能化防火设计的另外一个重要方面是主动防火设计，也即在早期发现和扑灭火灾。火灾自动报警系统是火灾初期探明火灾并发出警报的消防设施，这对于及时发现火灾、在第一时间组织疏散及灭火有重要的意义。

大型商业建筑中还普遍设有自动喷淋灭火系统，其可分为干式、湿式、喷雾式和雨淋式等类型。当喷水系统喷头的感应装置感应到火灾烟气（或温度）时，便转换成电信号控制启动喷淋泵，自动喷头开始喷水，水流指示器将水流转换为电信号，传送至消防中心控制室，消防中心控制室启动消防水泵，同时通过应急广播来组织人员疏散。

建筑防火分区系统在建筑消防中起着重要的作用，它通过采用相应耐火性能的防火分隔物，将建筑物划分成能在一定时间内防止火灾蔓延的不同空间，可燃物量多、火势大、蔓延迅速的防火分区，其开启的喷头数量就多。防火分区系统本身并不能灭火，它主要是便于自动喷淋系统的工作，通过系统的喷头来灭火。

第四节　防排烟系统设计的相关计算

一、单个防烟分区排烟量的计算

（一）储烟仓厚度和最小清晰高度

在建筑排烟系统设计中，通过设置挡烟垂壁等设施划分防烟分区并构建储烟仓的主要目的是便于烟气更好地聚集，有利于排烟系统进行排烟，因此，储烟仓必须具备一定的蓄烟体积，这个体积由防烟分区的面积和储烟仓的厚度决定。为了保证人员安全疏散和消防扑救，必须控制烟层厚度即储烟仓的厚度，并且计算所需排烟量以保证足够的清晰高度。所以储烟仓的厚度和最小清晰高度是排烟系统排烟量设计计算中的重要指标，《建筑防烟排烟系统技术标准》对这两个参数都规定了范围值。同时，为了维持烟层在最小清晰高度之上就必须将羽流携带的烟气及时排除，因此排烟系统的设计排烟量主要取决于羽流在最小清晰高度处的流量。

《建筑防烟排烟系统技术标准》规定当采用自然排烟方式时，储烟仓的厚度不应小于空间净高的 20%，且不应小于 500 mm；当采用机械排烟方式时，不应小于空间净高的 10%，且不应小于 500 mm。

一般情况下，空间净高大于 3 m 的区域的自然排烟窗（口）应该设置在储烟仓内，若由于特殊情况不能完全满足时，其有效排烟面积应该进行折减。

当吊顶为通透式，或开孔均匀，或开孔率>25%时，吊顶内的空间可以计入储烟仓厚度，此时排烟管路（口）可以布置在吊顶上方，为了有利于排烟，排烟口宜设在管路的顶部或侧面。当吊顶为密闭式时，就需要利用挡烟垂壁等在吊顶下方构建储烟仓。

当然储烟仓的厚度也不能设置得太大，储烟仓底部距地面的高度应大于安全疏散所需的最小清晰高度。最小清晰高度是为了保证室内人员安全疏散和方便消防人员的扑救而提出的最低要求，也是排烟系统设计时必须达到的最低要求。走道、室内空间净高不大于 3 m 的区域，其最小清晰高度不宜小于其净高的 1/2，其他区域的最小清晰高度应按下式计算：

$$H_q = 1.6 + 0.1 \cdot H'$$

式中，H_q 是最小清晰高度，m；H' 对于单层空间，取排烟空间的建筑净高度，m。

对于多个楼层组成的高大空间，最小清晰高度同样也是针对某一个单层空间提出的，往往是连通空间中同一防烟分区中最上层计算得到的最小清晰高度，在这种情况下，燃料面到烟层底部的高度 z 是从着火的那一层起算的。

空间净高按如下方法确定：

对于平顶和锯齿形的顶棚,空间净高为从顶棚下沿到地面的距离。

对于斜坡式的顶棚,空间净高为从排烟开口中心到地面的距离。

对于有吊顶的场所,其净高应从吊顶处算起;设置格栅吊顶的场所,其净高应从上层楼板下边缘算起。

(二) 非中庭场所排烟量计算

1. 查表计算法

为便于工程应用,《建筑防烟排烟系统技术标准》根据计算结果及工程实际,给出了常见场所的排烟量数值或自然排烟窗(口)的有效排烟面积要求,设计人员根据自然排烟和机械排烟两种不同系统来进行取值计算。

在排烟量计算时,除中庭外下列场所一个防烟分区的排烟量计算应符合下列规定:

①建筑空间净高小于或等于 6 m 的场所,其排烟量应按不小于60 $m^2/$(h·m^2)计算,且取值不小于 15000 m^3/h,或设置有效面积不小于该房间建筑面积2%的自然排烟窗(口)。

②公共建筑、工业建筑中空间净高大于 6 M 的场所,其每个防烟分区排烟量应根据场所内的热释放速率以及《建筑防烟排烟系统技术标准》的规定计算确定,且不应小于表 3-1 中的数值,或设置自然排烟窗(口),其所需有效排烟面积应根据表 3-1 及自然排烟窗(口)处风速计算。

表 3-1 公共建筑、工业建筑中空间净高大于 6 M 场所的计算排烟量

空间净高/m	办公室、学校/ ($\times 10^4$ m^3/h)		商店、展览厅/ ($\times 10^4$ m^3/h)		厂房、其他公共建筑/ ($\times 10^4$ m^3/h)		仓库/ ($\times 10^4$ m^3/h)	
	无喷淋	有喷淋	无喷淋	有喷淋	无喷淋	有喷淋	无喷淋	有喷淋
6.0	12.2	5.2	17.6	7.8	15.0	7.0	30.1	9.3
7.0	13.9	6.3	19.6	9.1	16.8	8.2	32.8	10.8
8.0	15.8	7.4	21.8	10.6	18.9	9.6	35.4	12.4
9.0	17.8	8.7	24.2	12.2	21.1	11.1	38.5	14.2
自然排烟侧窗(口)处风速(m/s)	0.94	0.64	1.06	0.78	1.01	0.74	1.26	0.84

在参考这一条规定时，需要注意以下四点：

①建筑空间净高大于 9.0 m 的，按 9.0 m 取值；建筑空间净高位于表中两个高度之间的，按线性插值法取值；表中建筑空间净高为 6 m 处的各排烟量值为线性插值法的计算基准值。

②当采用自然排烟方式时，储烟仓厚度应大于房间净高的 20%；自然排烟窗（口）面积＝计算排烟量/自然排烟窗（口）处风速；当采用顶开窗排烟时，其自然排烟窗（口）的风速可按侧窗口部风速的 1.4 倍计算。

③当公共建筑仅须在走道或回廊设置排烟时，其机械排烟量不应小于 13000 m³/h，或在走道两端（侧）均设置面积不小于 2 m² 的自然排烟窗（口）且两侧自然排烟窗（口）的距离不应小于走道长度的 2/3。

④当公共建筑房间内与走道或回廊均须设置排烟时，其走道或回廊的机械排烟量可按 60 m³/（h·m²）计算且不小于 13000 m³/h，或设置有效面积不小于走道、回廊建筑面积 2% 的自然排烟窗（口）。

注意，当建筑的高度大于 250 m 时，根据《建筑高度大于 250 米民用建筑防火设计加强性技术要求》，设置自然排烟设施的场所中，自然排烟口的有效开口面积不应小于该场所地面面积的 5%；采用外窗自然通风防烟的避难区，其外窗应至少在两个朝向设置，总有效开口面积不应小于避难区地面面积的 5% 与避难区外墙面积的 25% 中的较大值。这主要是为提高场所的自然防烟效率。一般情况下，一个场所的自然排烟口净面积越大，则自然排烟效率越高，考虑到超高层建筑自然排烟易受室外风的影响，对自然排烟口的净面积要求应有所提高。本条基本采用了对一般场所要求的上限值。

3. 羽流公式法

《建筑防烟排烟系统技术标准》的规定指明了高度 6 m 是排烟量计算方法的一个区分标准，当排烟场所的净高小于或等于 6 m 时，可以按照单位面积排烟量乘以防烟分区面积得到。而高于 6 m 的场所需要根据火灾功率、清晰高度、烟羽流质量流量及烟羽流温度等参数计算系统所需的排烟量，但对《建筑防烟排烟系统技术标准》中已明确给出的设计值，可以按其规定计算排烟量和排烟窗面积。

①轴对称型烟羽流

轴对称型烟羽流的质量流量与计算位置的高度有关，当计算位置高于火焰时用下式计算：

当 $x > z_1$ 时

$$M_p = 0.071 \cdot Q_c^{1/3} \cdot z^{5/3} + 0.0018 \cdot Q_c$$

当计算位置在火焰下方用下式计算：

当 $x \leqslant z_1$ 时

$$M_p = 0.032 \cdot Q_c^{3/5} \cdot z$$

火焰的极限高度为：

$$z_1 = 0.166 Q_e^{\frac{2}{5}}$$

式中，Q_c 是火源热释放速率的对流部分，一般取值为 $Q_c = 0.7Q$，kW；z 是燃料面到烟层底部的高度，m，取值应大于或等于最小清晰高度与燃料面高度之差；z_1 是火焰极限高度，m；M_p 为烟羽流的质量流量，kg/s。

②阳台溢出型烟羽流

阳台溢出型烟羽流的质量流量用下式计算：

$$M_p = 0.36 (QW^2)^{1/3} (z_b + 0.25 H_1)$$

$$W = w + b$$

式中，Q 为火源的热释放速率，kW；H_1 为燃料面至阳台的高度，m；z_b 是从阳台下缘至烟层底部的高度，m；W 是烟羽流扩散宽度，m；w 是火源区域的开口宽度，m；b 是从开口至阳台边沿的距离，m，$b \neq 0$。

③窗口型烟羽流

窗口型烟羽流的质量流量用下式计算：

$$M_p = 0.68 (A_w \sqrt{H_w})^{1/3} (z_w + \alpha_w)^{5/3} + 1.59 A_w H_w^{1/2}$$

式中，A_w 是窗口开口的面积，m²；H_w 是窗口开口的高度，m；z_w 是窗口开口的顶部到烟层底部的高度，m；$\alpha_w = 2.40 A_w^{2/5} H_w^{1/5} - 2.1 H_w$，是窗口型烟羽流的修正系数，m。

在应用轴对称型烟羽流、阳台溢出型烟羽流质量流量公式时，需要首先解决火源的热释放速率问题。实际上，窗口型烟羽流的质量流量公式是在火灾房间处于通风控制燃烧状态下推导的，此时，火场的热释放速率已经达到供氧所能维持的极限，因此，在公式中没有热释放速率这一项。需要特别注意的是，上式仅适用于只有一个窗口的空间。

3. 中庭场所排烟量计算

中庭是建筑物内的特殊部位,它将建筑上下贯通,火灾时极易形成烟囱效应,成为烟气流动的重要通道。中庭的烟气积聚主要来自两方面:一是中庭周围场所产生的烟羽流向中庭蔓延,二是中庭内自身火灾形成的烟羽流上升蔓延。因此,中庭的排烟量应该满足排出这两种来源的烟气的需要。中庭排烟量的设计计算应符合下列规定:

①中庭周围场所设有排烟系统时,中庭采用机械排烟系统的,中庭排烟量应按周围场所防烟分区中最大排烟量的二倍数值计算,且不应小于 107000 m^2/h;中庭采用自然排烟系统时,应按上述排烟量和自然排烟窗(口)的风速不大于 0.5 m/s 计算有效开窗面积。

当公共建筑中庭周围场所设有机械排烟,考虑周围场所的机械排烟存在机械或电气故障等失效的可能,烟气将会大量涌入中庭,大多数情况下可等效视之为阳台溢出型烟羽流,也有一些场所视之为窗口型烟羽流,根据英国规范的简便计算公式,其数值可为按轴对称烟羽流计算所得的周围场所排烟量的二倍,因此对此种状况的中庭规定其排烟量按周围场所中最大排烟量的二倍数值计算。

对于中庭内自身火灾形成的烟羽流,根据现行国家标准《建筑设计防火规范》的相关要求,中庭应设置排烟设施且不应布置可燃物,所以中庭着火的可能性应该很小。但考虑到我国国情,目前在中庭内违规搭建展台、布设桌椅等现象仍普遍存在,为了确保中庭内自身发生火灾时产生的烟气仍能被及时排出,《建筑防烟排烟系统技术标准》按无喷淋情况将中庭自身火灾的热释放速率设为 4 MW,清晰高度定为 6 m,根据计算得到生成的烟气量为 107000 m^3/h,所以在中庭设置机械排烟系统时,其排烟量不应小于 107000 m^3/h。若采用自然排烟系统,则需要至少 25 m^2 的有效开窗面积,同时排烟窗(口)的风速是按不大于 0.5 m/s 取值的。

②当中庭周围场所不须设置排烟系统,仅在回廊设置排烟系统时,回廊的排烟量不应小于《建筑防烟排烟系统技术标准》的规定,中庭的排烟量不应小于 40000 m^3/h;中庭采用自然排烟系统时,应按上述排烟量和自然排烟窗(口)的风速不大于 0.4 m/s 计算有效开窗面积。

当公共建筑中庭周围仅须在回廊设置排烟,由于周边场所面积较小,产生的烟量也有限,所需的排烟量较小,一般不超过 13000 m³/h,即使蔓延到中庭也小于中庭自身火灾时的烟气量;当公共建筑中庭周围场所均设置自然排烟,可开启窗的排烟较简便,基本可以保证正常的排烟需求,中庭排烟系统只须考虑中庭自身火灾的排烟量。

二、排烟系统的排烟量计算

一个排烟系统可能仅负担一个防烟分区也可能负担多个防烟分区的排烟,当仅负担一个防烟分区时,其系统排烟量按上述要求计算即可。但在实际工程中,一个排烟系统都是负担多个防烟分区的排烟,此时排烟系统的排烟量需要按照下面的规定计算:

①当系统负担具有相同净高场所时,对于建筑空间净高大于 6 m 的场所,应按排烟量最大的一个防烟分区的排烟量计算;对于建筑空间净高为 6 m 及以下的场所,应按同一防火分区中任意两个相邻防烟分区的排烟量之和的最大值计算。

②当系统负担具有不同净高场所时,应采用上述方法对系统中每个场所所需的排烟量进行计算,并取其中的最大值作为系统排烟量。

三、排烟口计算

机械排烟系统和自然排烟系统中排烟口计算的内容有所不同。机械排烟系统需要计算每个防烟区中排烟口的数量及其面积,而自然排烟系统主要根据建筑面积比例或排烟口最大风速计算每个防烟区中排烟窗(口)的有效面积。

1. 机械排烟口计算

对于机械排烟系统,每个防烟分区中排烟口的数量取决于两个因素,一是排烟口的平面布置要求,二是每个排烟口能够负担的排烟量。排烟口的平面布置要求可参考《建筑防烟排烟系统技术标准》的相关内容,而每个排烟口能够负担的排烟量则需要经过计算确定:

$$V_{\max} = 4.16 \cdot \gamma \cdot d_b^{\frac{5}{2}} \left(\frac{T - T_0}{T_0} \right)^{\frac{1}{2}}$$

式中,$V_{\max}$ 是排烟口最大允许排烟量,m³/s。γ 为与排烟口位置相关的系数,当吸入口位于顶部时,若风口中心点到最近墙体的距离≥2 倍的排烟口当量直径时，γ 取 1.0；若风口中心点到最近墙体的距离<2 倍的排烟口当量直径时，γ 取 0.5；当吸入口位于墙体上时，γ 取 0.5。d_b 为排烟系统吸入口最低点之下烟气层的厚度，m。T 是烟层的平均绝对温度，K。T_0 为环境的绝对温度，K。

机械排烟口的设计流程如下：首先计算每个排烟口的最大排烟量，然后根据防烟分区排烟量除以该值得到所需排烟口的数量，再根据排烟口的平面布置要求判断是否需要补充更多的排烟口。而机械排烟口的面积可根据该排烟口的设计排烟量除以排烟风速得到，根据《建筑防烟排烟系统技术标准》的规定，该风速不宜超过 10 m/s。当然在实际设计时，还应考虑排烟口布置尽量均匀、是否被障碍物阻挡等细节问题。

2. 自然排烟窗（口）计算

一般采用羽流公式计算排烟量的场所，其自然排烟窗（口）的面积也需要通过计算得到。《建筑防烟排烟系统技术标准》规定采用自然排烟方式所需自然排烟窗（口）截面积宜按下式计算：

$$A_V C_V = \frac{M_p}{\rho_0} \left[\frac{T^2 + (A_V C_V / A_0 C_0)^2 TT_0}{2gd_b \Delta TT_0} \right]^{\frac{1}{2}}$$

式中，A_V 是自然排烟窗（口）截面积，m^2；A_0 是所有进气口总面积，m^2；C_V 是自然排烟窗（口）流量系数（通常选定在 0.5~0.7 之间）；C_0 是进气口流量系数（通常约为 0.6）；g 是重力加速度，9.8 m/s^2。

第四章 建筑供暖系统节能技术

第一节 建筑供暖计量与节能

新建建筑和既有建筑的节能改造应当按照规定安装热计量装置。计量的目的是促进用户自主节能，而室温调控是节能的必要手段。供热企业和终端用户间的热量结算，应以热量表作为结算依据。用于结算的热量表应符合相关国家产品标准，且计量检定证书应在检定的有效期内。

一、供暖计量的意义及方法

（一）供暖计量的意义

（1）节约能源实现热计量收费后，可以从以下四个途径节能：①调动用户节能意识，实现节能；②公用和商业建筑无人时实现值班供暖；③低负荷时采用质、量并调，降低循环水泵消耗；④利用恒温阀，充分利用室内自然得热。

（2）极大地促进环境保护。在我国，用于供暖、发电的一次能源中，燃煤占有最大比例，以煤炭作为主要能源造成严重的大气污染。我国计量供暖的实施不仅对我国，而且对世界环境保护都具有重要而深远的意义。

（3）推动供暖行业整体水平提高。随着市场经济的不断深入，政府、用户和供暖企业三者之间的关系已经完全转变。在过去的计划经济体制下，政府是供暖企业的所有者，用户是福利制度的享受者，而供暖企业是福利制度的执行者，按面积收费的制度成为协调各方面的一个合理选择。而在市场经济下，用户是热的消费者，供暖企业是热的供应商，政府则是监督管理的协调机构。旧的福利制收费制度成为制约各方面发展的最大障碍。只有实现个人付费的供暖系统按热量计量收费制度后，才能理顺政府、用户和供暖企业三者之间的关系。

总之，计量供暖热能是为供暖这种商品提供公平交易的手段。而供热公司从用户手中直接获得供暖费，商品买卖的双方直接见面，可以使供暖企业提高供暖服务的质量和水平，用户掏钱买热，可增强用户的节能意识。供暖企业要进行成本核算，减少能耗，可提高运行管理水平和推动技术进步。

（二）供暖计量的方法

就目前的计量技术而言，对热量的计量可以达到相当准确的程度。但对供暖系统而言，必须从技术和经济两方面考虑，不必追求过高的精度，即要求计量系统在满足必要精度的同时，还要有足够的运行稳定性和适应我国相关技术的发展水平。

目前，欧盟各国在供暖工程中采用的热量计量方案可分为四种。每一种方案都有其自身的技术特点及不同的成本效益，如表4-1所示：

表4-1　热量计量方案

方案 A	楼栋热量表：整个楼栋的热耗由安装在热力入口的一块热量表计量，每户热耗按面积分摊
方案 B	热水流量表及楼栋热量表：整个楼栋的热耗由安装在热力入口的一块热量表计量，每个住户的耗热量通过热水表计量再依次进行分配
方案 C	热分配表及楼栋热量表：整个楼栋的热耗由安装在热力入口的一块热量表计量，户内每个散热器的散热量由蒸发式或电子式热分配表计量
方案 D	户用热量表及楼栋热量表：整个楼栋的热耗由安装在热力入口的热量表计量，每个住户的热耗通过一块热量表计量

虽然每种方案都能计量用户耗热，但准确性、易用性和经济性存在差异。计量准确度由高到低排序应是方案 D、方案 C（电子式）、方案 C（蒸发式）、方案 B、方案 A；而所需费用由高到低排序则恰恰相反。

热计量方法的选择是推广计量供暖技术亟须解决的问题。如何根据我国的实际情况，选择技术可靠、经济合理的热计量方法，是关系计量供暖良性发展的主要环节。

目前，我国用户热量分摊计量方法也是在楼栋热力入口处（或换热机房）安装热量表计量总热量，再通过设置在住宅户内的测量记录装置，确定每个独立核算用户的用热量占总热量的比例，进而计算出用户的分摊热量，实现分户热计量。近几年供暖计量技术发展很快，用户热分摊的方法较多，有的尚在试验中。

（1）散热器热分配计法适用于新建和改造的各种散热器供暖系统，特别是对于既有供暖系统的热计量改造比较方便、灵活性强，不必将原有垂直系统改成按户分环的水平系统。该方法不适用于地面辐射供暖系统。散热器热分配计法只是分摊计算用热量，室内温度调节须安装散热器恒温控制阀。

散热器热分配计法是利用散热器热分配计所测量的每组散热器的散热量比例关系来对建筑的总供热量进行分摊。热分配计有蒸发式、电子式及电子远传式三种，后两者是今后的发展趋势。

采用该方法时必须具备散热器与热分配计的热耦合修正系数。我国散热器型号种类繁多，国内检测该修正系数经验不足，还需要加强这方面的研究。

关于散热器罩对热分配量的影响，实际上不仅是散热器热分配计法面对的问题，其他热分配法（如流量温度分摊法、通断时间面积分摊法）也面临同样的问题。

（2）流量温度分摊法适用于垂直单管跨越式供暖系统和具有水平单管跨越式的共用立管分户循环供暖系统。该方法只是分摊计算用热量，室内温度调节须另安装调节装置。

流量温度分摊法是基于流量比例基本不变的原理。即对于垂直单管跨越式供暖系统，各个垂直单管与总立管的流量比例基本不变；对于在入户处有跨越管的共用立管分户循环供暖系统，每个入户和跨越管流量之和与共用立管流量比例基本不变；然后结合现场预先测出的流量比例系数和各分支三通前后温差，分摊建筑的总供热量。

由于该方法基于流量比例基本不变的原理，因此，现场预先测出的流量比例系数的准确性就非常重要，除应使用小型超声波流量计外，更要注意超声波流量计的现场正确安装与使用。

（3）通断时间面积分摊法适用于共用立管分户循环供暖系统。该方法同时具有热量分摊和分户室温调节的功能，即室温调节时对户内各个房间室温作为一个整体统一调节而不实施对每个房间单独调节。

通断时间面积分摊法是以每户的供暖系统通水时间为依据，分摊建筑的总供热量。该方法适用于分户循环的水平串联式系统，也可用于水平单管跨越式和地板辐射供暖系统。选用该分摊方法时，须注意散热设备选型与设计负荷要良好匹配。不能改变散热末端设备容量，户与户之间不能出现明显水力失调，不能在户内散热末端调节室温，以免改变户内环路阻力而影响热量的公平合理分摊。

（4）户用热量表法系统由各户用热量表和楼栋热量表组成。户用热量表安装在每户供暖环路上，可以测量每个住户的供暖耗热量。这种方法也需要对住户位置进行修正。它适用于分户独立式室内供暖系统及分户地面辐射供暖系统，但不适用于采用传统垂直系统的既有建筑的改造。

综上所述，我国的供暖计量方法和欧盟的供暖计量方案的基本原理是相同的。不同的计量方法可能有不同的结果，即使同一种方法也可能有不同的计量结果。这些问题都反映出我们供暖计量技术装置在可靠性上仍然有大量工作待研究和开展。随着技术进步和热计量工程的推广，还会有新的热计量方法出现，国家和行业鼓励这些技术创新，以在工程实践中进一步完善后，再加以补充和修订。

（三）选择热计量方法的基本原则

（1）"以人为本"原则。热计量系统应满足热用户要求，避免给热用户带来不便。

（2）技术原则。计量设备及系统要满足一定的精度要求，同时计量系统应具有一定的运行稳定性和可靠性。

（3）经济原则。计量收益必须大于计量投资。即热用户通过计量所节约的费用必须大于对热计量的投入。

（4）社会原则。热计量方式的选择要依据社会发展水平和用户收入水平。

如何确定计量收益和不同计量方式的计量投资是当前选择计量方式的基本点。不宜盲目追求供暖计量的绝对精确和公平，而宜按照上述原则在市场机制下选择合理的计量方式。

二、计量供暖系统选择与应用

集中供暖住宅应根据采用热量的计量方式选用不同的供暖系统形式。当采用热分配表加楼用总热量表计量方式时，宜采用垂直式供暖系统；当采用户用热量表计量方式时，应采用共用立管分户独立供暖系统。

适于热量计量的垂直式室内供暖系统应满足温控、计量的要求，必要时增加锁闭措施。

共用立管分户独立供暖系统即集中设置各户共用的供回水立管，从共用立管上引出各户独立成环的供暖支管，支管上设置热计量装置、锁闭阀等，这种便于按户计量的供暖系统形式，既可解决供暖分户计量问题，同时也有利于解决传统的垂直双管式和垂直单管式系统的热力失调问题，并有利于实施变流量调节的节能运行方案。该系统适合于新建住宅的分户计量供暖系统，我国的新建住宅建筑基本上采用该系统，即新建分户计量供暖系统。

（一） 新建分户计量供暖系统户外形式

分户热计量供暖系统的共同点是在户外楼梯间设置共用立管，为了满足调节的需要，共用立管应为双管制式。每户单独从共用立管引出，户内采用水平式供暖系统，每户形成一个独立的循环环路。供、回水共用立管对每个户内供暖系统设有一个热力入口，在每一户管路的起止点安装锁闭阀，在起止点其中之一处安装调节阀和流量计或热量表。

供暖回水管的水温较供水管的低，流量传感器安装在回水管上所处环境温度也较低，有利于延长电池寿命和改变使用工况。曾经一度有观点提出热量表流动阻力小，下层的重力作用压力也较小。因此，对于住宅分户热计量系统，在同等条件下，应首选下供下回异程式双立管系统。

通常建筑物的一个单元设一组供回水立管，多个单元的供回水干管可设在室内或室外管沟中。干管可采用同程式或异程式，单元数较多时宜用同程式。分户式供暖系统宜用不残留型砂的铸铁散热器或其他材质的散热器，系统投入运行前应进行冲洗，此外用户入口还应装过滤器。

（二） 新建分户计量供暖系统户内形式

（1）与以往采用的水平式系统的主要区别在于：①水平支路长度限于一个住户之内；②能够分户计量和调节供热量；③水平单管系统比水平双管系统布置管道方便，节省管材，水力稳定性好。在调节流量措施不完善时容易产生竖向失调，设计时对重力作用压头的计算应给予充分重视，以减轻对竖向失调的影响，并解决好排气问题。如果户型较小，又不宜采用 DN15 的管子时，水平管中的流速有可能小于气泡的浮升速度，可调整管道坡度，采用气水逆向流动，利用散热器聚气、排气，防止形成气塞，可在散热器上方安装排气阀或利用串联空气管排气。

（2）分户水平双管系统。该系统中每个住户内的各散热器并联，在每组散热器上装调节阀或恒温阀，以便分室进行控制和调节。

分户水平双管系统在每个支环路上，各散热器的进水温度相同，不会出现分户水平单管系统的尾部散热器温度可能过低的问题，同时对单组散热器的调节比较方便。但是分户水平双管系统的流动阻力小于分户水平单管系统，因此，系统的水力稳定性不如分户水平单管系统。水平放射式系统在每户的供暖管道入口设小型分水器和集水器，各散热器并联。从分水器引出的散热器支管呈辐射状埋地敷设（因此又称为"章鱼式"）至各散热器，散热量可单体调节。支管采用铝塑复合管等管材，要增加楼板的厚度和造价。

第二节　蓄热技术及其应用

在现有的能源结构中，热能是最重要的能源之一。但是大多数能源，如太阳能、风能、地热能和工业余热废热等，都存在间断性和不稳定的特点，在许多情况下，人们还不能合理地利用能源。例如在不需要热时，却有大量的热量产生；而在急需时又不能及时提供；有时供应的热量有很大一部分作为余热被损失掉等。我们是否可以找到一种方法，像水池储水一样把暂时不用的热量储存起来，而在需要时再把它释放出来？回答是肯定的。我们采用适当的蓄热方式，利用特定的装置，将暂时不用或多余的热能通过一定的蓄热材料储存起来，需要时再利用，这种方法称为蓄热技术。

一、蓄热技术

常见的蓄热方式主要有三种，即显热蓄热、潜热蓄热和化学反应蓄热。

（一）显热蓄热

显热蓄热就是当对蓄热介质加热时，其温度升高，内能增加，从而将热能蓄存起来。显热式蓄热原理非常简单，实际使用也最普遍。利用显热蓄热时，蓄热材料在储存和释放热能时，自身只是发生温度的变化，而不发生其他任何变化。这种蓄热方式简单、成本低。但在释放能量时，其温度发生连续变化，不能维持在一定的温度下释放所有能量，无法达到控制温度的目的，并且该类材料的储能密度低，从而使相应的装置体积庞大，因此它在工业上的应用价值不是很高。

常见的显热蓄热介质有水、水蒸气、砂石等。显热蓄热主要用来储存温度较低的热能。液态水和岩石等常被用作这种系统的储存物质。显热储存技术产生的温度较低，一般低于 150 ℃，仅用于取暖。这也是由于它转换为机械能、电能或其他形式的能量效率不高，并受到热动力学基本定律的限制。

显热储存系统规模较小，比较分散，对环境产生的影响不大。大部分小型系统利用一个绝缘的热水箱，把它放在设备房或埋在地下。设计合理的系统应该与饮用水源完全分开，或者安装热虹吸管，防止储存系统和水倒流回饮用水源。这种预防措施是必要的。因为在储水中可能产生藻类、真菌和其他污染物。

为使蓄热器具有较高的容积蓄热密度，要求蓄热介质有高的比热容和密度。目前应用最多的蓄热介质是水及石块。水的比热容大约是石块的 4.8 倍，而石块的密度只是水的 2.5 ~ 3.5 倍，因此水的蓄热密度要比石块的大。石块的优点是不像水那样有漏损和腐蚀等问题。通常石块床都是和太阳能空气加热系统联合使用，石块床既是蓄热器又是换热器。当需要蓄存温度较高的热能时，以水做蓄热介质就不合适了，因为高压容器的费用很高。可视温度的高低，选用石块或无机氧化物等材料作为蓄热介质。

（二）潜热蓄热

物质由固态转为液态，由液态转为气态，或由固态直接转为气态（升华）时，将吸收相变热，进行逆过程时，则将释放相变热，这是潜热式蓄热的基本原理。潜热储存是系统中的一种物质被加热，然后熔化、蒸发或者在一定的恒温条件下产生其他某种状态变化。这种材料不仅能量密度较高，而且所用装置简单、体积小、设计灵活、使用方便且易干管理。另外，它还有一个很大的优点，即这类材料在相变储能过程中处于近似恒温状态，可以此来控制体系的温度。利用固液相变潜热蓄热的蓄热介质常称为相变材料。潜热储存系统利用了高温相变的特性，当储存介质的温度达到熔点时，出现吸收物质熔化潜能的相变化。然而，当从储存系统吸收热能时，通过倒相，这股热可以释放出来。这一方法与显热蓄热系统相比，一个很大的优点是在必要的恒温下能够获取热能。另外，能通量高、潜势大，也是潜热储存系统的潜在优点。

虽然液-气或固-气转化时伴随的相变潜热远大于固-液转化时的相变热，但液-气或固-气转化时容积的变化非常大，使其很难用于实际工程。目前有实际应用价值的，只是固-液相变式蓄热。与显热式蓄热相比，潜热式蓄热的最大优点是容积蓄热密度大。为蓄存相同的热量，潜热式蓄热设备所需的容积要比显热式蓄热设备小很多。

（三）化学反应蓄热

化学反应蓄热是利用可逆化学反应的反应热来进行蓄能的。例如正反应吸热，热被储存起来；逆反应放热，则热被释放出来。这种方式的储能密度较大，与潜热蓄热系统同样具有在必要的恒温下产生的优点。热化学储能系统的另一个优点是不需要绝缘的储能罐。但其反应装置复杂而又精密，必须由经过专门训练的人员进行仔细保养，技术复杂且使用不便。因此这种系统只适用于较大型的系统，目前仅在太阳能领域受到重视，离实际应用较远。

热化学蓄热方法大体分为三类：化学反应蓄热、浓度差蓄热及化学结构变化蓄热。

化学反应蓄热是指利用可逆化学反应的结合热储存热能。即利用化学反应将生产中暂时不用或无法直接利用的余热转变为化学能收集、储存起来，在需要时，可使反应逆向进行，即可将储存的能量释放出来，使化学能转变为热能而加以利用。

浓度差蓄热是利用酸碱盐溶液在浓度发生变化时会产生热量的原理来储存热量的。典型的是利用浓硫酸浓度差循环的太阳能集热系统，利用太阳能浓缩硫酸，加水稀释即可得到 120~140 ℃的温度。浓度差蓄热多采用吸收式蓄热系统，也叫化学热泵技术。

化学结构变化蓄热是指利用物质化学结构的变化而吸热、放热的原理来蓄放热的蓄热方法。

实际上上述三种蓄热方式很难截然分开，例如潜热型蓄热也会同时把一部分显热储存起来，而反应性蓄热材料则可能把显热或潜热储存起来。三种蓄热方式中以潜热蓄热方式最具有实际发展前途，也是目前应用最多和最重要的储能方式。

蓄热技术中关键技术是蓄热材料的性能研究。理想的蓄热材料应符合以下条件：

1. 热力学条件

合适的相变温度，因为相变温度正是所需要控制的特定温度，对显热储存材料要求材料的热容大，对潜热储存材料要求相变潜热大，对反应热要求反应的热效应大；材料的热导率高，要求材料无论是液态还是固态，都有较高的热导率，以使热量可以方便地存入和取出；性能稳定，可反复使用而不发生熔析和副反应；在冷、热状态或固、液状态下，材料的密度大，从而体积能量密度大，相变时体积变化小；体积膨胀率小，蒸汽压低，使之不易挥发损失。

2. 化学条件

腐蚀性小，与容器相容性好，无毒、不易燃、无偏析倾向，熔化、凝固时不分层；对潜热型材料，要求凝固时无过冷现象，熔化时温度变化小；稳定性好，在多组分时，各组分间的结合要牢固，不能发生离析、分解及其他变化；使用安全，不易燃、易爆或氧化变质；符合绿色化学要求，无毒、无腐蚀、无污染。

3. 经济性条件

成本低廉，制备方便，便宜易得。

在实际研制过程中，要找到满足所有这些条件的相变材料非常困难。因此，人们往往先考虑有合适的相变温度和较大的相变热的储热材料，而后再考虑其他各种因素的影响。

二、蒸汽蓄热器的工作原理

蒸汽蓄热器的工作原理是在压力容器中储存水，将蒸汽通入水中以加热水，即传输热能于水（蓄热器充热），使容器中水的温度、压力、水位均升高，形成具有一定压力的饱和水，然后在蓄热器放热时容器内压力、温度、水位均下降的条件下，饱和水成为过热水，立即沸腾而自蒸发，产生蒸汽。这是以水为载热体间接储蓄蒸汽的蓄热装置。容器中的水既是蒸汽和水进行热交换的传热介质，又是蓄存热能的载热体。蒸汽蓄热器是蓄积蒸汽热量的压力容器，它是将储存的能量由蒸汽携带进入供暖系统，其特点是容器内水的压力和温度都是变化的。常见的为卧式圆筒蓄热器，也有立式的。均可安装在室外，通常装在锅炉房附近。

三、蒸汽蓄热器的应用

在工业生产和日常生活的各个领域有很多设备需要用蒸汽，而锅炉是其主要的蒸汽来源。而用汽的工艺设备对蒸汽的需求往往是不均衡的，有的波动很大，因此使供汽的锅炉负荷也随之波动。这不仅造成锅炉燃烧不稳定和运行热效率下降，而且使司炉工的劳动强度加大。采用蒸汽蓄热器可以完全改变这种状况，它不仅可以成倍或数倍提高现有供汽系统瞬间供汽能力，而且还可保持供汽系统压力稳定在既定的工作范围内。它既是供汽系统的能量储存与放大器，又是供汽系统压力的稳定器，尤其是对间断供汽用户和对蒸汽供汽负荷波动过大的用户具有特殊的适应性。蒸汽蓄热器主要应用于下列四种场合：

（一）热负荷波动大而频繁的供暖系统

主要目的是稳定供汽锅炉的供汽压力，从而提高蒸汽品质和锅炉热效率。这种情况主要出现在部分工业企业中。由于工艺用热的特点，热负荷有剧烈而又频繁的变化，如无蓄热装置，则蓄热量有限的供暖锅炉必须跟踪波动的热负荷而变动其蒸发量，由此导致锅炉燃烧不稳定，热效率下降。安装使用蒸汽蓄热器后，就可储存热负荷低谷时锅炉多余的蒸发量，以补给高峰负荷出现时锅炉蒸发量的不足，使锅炉能在稳定的工况下经济地运行，同时满足波动的热负荷需要，以达到节能的目的。

在卷烟生产企业中，各生产工序大多需要一定量的但压力不一的饱和蒸汽，如烟叶发酵、烟包回潮、润叶、烘丝、梗丝膨化、糖料间、制浆房及冷冻站与热交换站等。其中有些工序的生产设备不仅用汽量大，而且还是间断式地运行。如以某卷烟厂制丝线的真空回潮机为例，该设备在正常生产情况下，每台每小时的瞬时耗汽量近 5 ℃，运行周期为 0.5 h 左右，这样的运行状态就必然会造成蒸汽供应的峰、谷现象，而峰、谷值的产生也就必然导致蒸汽供应的波动。如果其他工序用汽设备也同时做不规则启、停，则蒸汽供应的波动将更大。这种严重的负荷波动，对生产运行和生产管理都将产生许多不良影响。首先，无法保证生产的正常进行。其次，造成锅炉运行工况的不稳定，引起蒸汽压力瞬时骤然下降和骤然上升。这不仅影响蒸汽品质，也直接影响了卷烟产品的质量。再次，运行工况的不稳定，使得锅炉燃烧系统中空气与燃料的平衡无法迅速调节。这对已采用了微机控制的锅炉来说，其功能就难以充分发挥，所以也就无法达到运用微机控制的最佳经济运行效果。最后，运行工况的不稳定，导致了锅炉的热效率下降，增大了司炉工的劳动强度和设备的维修量，有时还会危及锅炉的安全运行。

采用蒸汽蓄热器不仅能解决企业高峰用汽，均衡负荷，还提高了蒸汽供应的质量，从而保证了工艺设备的正常运行，而且对企业的设备运行管理和生产效率的提高都具有直接的作用。实践证明，采用蒸汽蓄热器，不仅能解决卷烟生产企业蒸汽供需矛盾，而且其直接经济效益和间接经济效益都十分可观。

（二）瞬时热能耗量极大的供暖系统

对于瞬时耗汽量极大的供暖系统，可以采用容量小的锅炉配以足够容量的蒸汽蓄热器，就可节省初次投资，保证供汽。例如在使用多级蒸汽喷射泵、蒸汽弹射器或其他试验设备的场合，在其供暖系统中，可采用容量不太大的锅炉，配置蓄热量极大的蒸汽蓄热器，从而满足瞬时极大的用汽量。

（三）热源间断地供暖或供热量波动大的供暖系统

在汽源供汽不连续或流量波动大的供暖系统，安装蒸汽蓄热器后可以实现连续供汽。这种情况主要出现在诸如转炉炼钢系统中的汽化冷却装置（余热锅炉）的供汽。由于转炉生产中余热随炼钢工艺过程间歇地发生，所以也间歇地产生蒸汽，此汽源如并入热网，将使热网供汽压力不稳定，如流入蒸汽蓄热器后再供入热网，就使间断的汽源转变为连续供汽的汽源。在太阳能发电站中，考虑到白天可能发生阴雨或云层蔽天后阳光热源中断，不能产生蒸汽，但为使汽轮发电机组在此时继续发电，须备有蒸汽蓄热器蓄存定量的蒸汽在此时继续供汽给汽轮发电机组维持发电。

（四）需要蓄存热能供随时需用的场合

蒸汽蓄热器作为一种热力设备，它可以随时把暂时用不完的多余蒸汽储存起来，当热用户遇到正常供汽中断时，可供紧急用汽。这种情况是蓄热器可在任何时候在它的容量限度内蓄存暂时多余的热能，而在热用户需要时随时供出。如在火力发电厂中，在发电机组遇到事故时须立即紧急启动备用的汽轮发电机组，但即使是快速启动的锅炉，从紧急启动达到满负荷供汽也需 15 min。如装用蒸汽蓄热器蓄存备用的定量蒸汽后，即可在此时先紧急供汽给汽轮发电机组运行，直到紧急启动的锅炉能供汽。又如在医院、宾馆等单位，在深夜用汽量很少，如装用蒸汽蓄热器后，就可将白天多余的蒸汽蓄存后供夜间使用，这样也可以减少锅炉满员值班运行时间。

第三节 低温热水地板辐射供暖技术

低温热水地板辐射供暖是指将加热管埋设在地板构造层内，以不高于 60 ℃ 的热水为热媒流过加热管加热地板，通过地面以辐射换热和对流换热方式向室内供给热量的供暖方式。近几年，低温热水地板辐射供暖技术快速发展，也是目前较为先进的建筑供暖节能新技术。该系统不仅能够满足分户计量的需求，而且干净卫生，其节能效果也十分显著，尤其适合民用建筑与公共建筑中安装散热器会影响建筑物协调和美观的场合。

一、辐射供暖与建筑节能

辐射供暖是指提升围护结构内表面中一个或多个表面的温度，形成热辐射面，依靠辐射面与人体、家具及围护结构其余表面的辐射热交换进行供暖的技术方法。辐射面可以通过在围护结构中埋入（设置）热媒管路（通道）来实现，也可以通过在顶棚或墙外表面加设辐射板来实现。辐射面及围护结构和家具表面温度的升高，导致它们与空气间的对流换热加强，使房间空气温度同时上升，进一步加强了供暖效果。

在这种技术方法中，一般来说，辐射换热量占总热交换量的50%以上。

通常辐射面温度高于150℃时，称为高温辐射供暖；辐射面温度低于150℃时，为中、低温辐射供暖。水媒地板供暖、电热地板供暖等供暖方式，由于辐射面温度一般控制在30℃以下，都属于低温辐射供暖。辐射供暖系统又按不同工作媒质或不同辐射面位置，分别命名为水媒辐射供暖、电热辐射供暖、顶板辐射供暖、地板辐射供暖等。由于其安全、经济、方便、热容量大等优点，以水作为热媒的应用最为普遍。一般认为地板供暖舒适性高、对流传热强，所以，水媒辐射供暖中，被使用得最多的是低温地板辐射供暖系统，如在北美、欧洲、韩国等，已有多年历史。

随着建筑保温程度的提高和管材的发展，低温地板辐射供暖系统的使用日益普遍。

低温地板辐射供暖在节能方面具有其他供暖方式无法比拟的优点：

（1）在同样舒适度条件下，室内温度比其他供暖方式可减少2℃，总节能幅度达10%～20%，而热效率提高了20%～30%。

（2）散热器置于窗下，靠近散热器的部分外墙温度较高，无形中多损失了部分热量，而低温地板辐射供暖无此弱点。

（3）采用35～45℃的低温热水供暖，在热源的热媒制备阶段就已经降低了能耗。热媒传输过程中，沿途散热损失小。

（4）易于安装自动调节设施（如温控阀），可实现行为节能。

如上所述，辐射供暖能耗低，适用于分户供暖，有利于集中供暖系统使用中的热能分户计量。因此，从某种意义上说，辐射供暖是建筑节能的又一次机会和又一条途径。

二、低温热水地板辐射供暖

由于水具有安全、经济、方便、热容量大等优点，所以在辐射供暖中以水作为热媒的应用最为普遍。由于冬季地面温度适当提高可增加舒适性，有利于人体健康，热辐射面在下方可加大对流传热等原因，水媒辐射供暖主要采用地板供暖的形式。特别是辐射面仅用于冬季供暖时，地板供暖应是最适宜的，所以目前使用最多的是低温热水地板辐射供暖系统。

地板供暖在欧洲和北美已有多年的使用和发展历史。20世纪70年代中后期，随着围护结构保温程度的不断改善，加之工程塑料水管的应用，大大加快了地板供暖的发展和应用步伐。

在我国，20世纪50年代也已有工程应用，但当时由于材料限制，供暖埋管只能选用钢管或铜管。但金属管成本高、接口多、工艺复杂，加之易渗漏和产生电化学腐蚀，可靠性差，寿命短，又由于金属的膨胀系数大，易引起地面龟裂，大大影响了地板供暖的推广。直至高分子塑料管材的出现，这一情况才得到根本改变。

目前，该项技术在我国北方广大地区推广很快，在北京、天津、沈阳、西安、长春、乌鲁木齐等地大都采用低温热水地板辐射供暖系统。地板供暖之所以能蓬勃发展，除了目前客观条件有利外，还与这种供暖方式本身的特点有关。低温热水地板供暖除了具有前述节能的独特优势之外，其他方面也具有其他供暖方式无法比拟的优点。

（一）舒适性

（1）室内温度垂直分布均匀，距地面 $0.05 \sim 0.15$ m 高度的温度比对流供暖方式高 $8 \sim 10$ ℃。由于有辐射和对流的双重效应，热量自下而上均匀分布，形成符合人体生理热要求的热环境。室内热量分配均衡，特别适合展览馆、礼堂、影剧院等大空间建筑热量分配不均的场合。

（2）空气对流减弱，不会造成尘埃飞扬和细菌传播，消除了散热设备和管道表面积尘及挥发异味的现象，使室内空气品质明显改善。

（3）由于地板构造层热容量大，热稳定性好，提高了房间的热惰性，因此在间歇供暖的条件下，即使门、窗经常开启，室内温度变化也很缓慢，能较好地保持室温的均衡。加之辐射的作用，提高了围护结构的内表面温度，减少了对人体的冷辐射。

（4）由于地板板体内设有保温层，上下楼层不供暖时，对中间楼层的影响微乎其微，客观上减少了楼板冲击噪声向下方的传递，隔声效果好。

（二）环保

（1）可以因地制宜地利用各种新兴能源及余热、废热，热源选择面广，适应性强。如利用地热、工业余热、供暖管网回水、太阳能热水等。

（2）有利于推广使用塑料管材，节省了大量钢材。

（三）管理与控制

（1）因为设有地面保温层，减少了户间热量传递，便于实现国家节能标准提出的"按户计量，分室调温"的要求。将供回水干管及入户分支阀门设干管道井内或楼梯间中，便于集中管理，并可根据个别房间或区间使用条件的变化，调节各支环路调节阀的开度。有利于实现智能化、数字化管理，有利于解决收费困难的问题。

（2）末端阻力大，不易发生水力失调。

（3）使用寿命长，维修和运行费用低。采用塑料管埋入地面混凝土中的施工方式，因无接头，故不渗漏，也不腐蚀、不结垢。塑料管材具有良好的抗老化性能，一般使用寿命都在 50 年以上。

（4）短时间停电、停暖影响不大，给物业管理带来方便。

（四）与建筑物的协调性

（1）室内不设明管和散热器，增加了使用面积。有利于家具布置，便于建筑装修。同时由干管路隐蔽，不致影响房间美观。

（2）可适应开有矮窗或落地窗的住宅，尤其符合大跨度或大空间建筑物的供暖要求，适用范围广泛。

（五）经济性

可节省出使用面积 3%～5%，并且免去装修暖气片时的费用。

早期的地板供暖主要用于居住建筑，近年来，除了在居住建筑中得到大量使用之外，应用范围也在不断扩大。地板供暖可有效地解决大跨度、高空间和矮窗式建筑物的供暖需求，因而在宾馆大厅、展览馆、影剧场、现代商场、医院、实验室、机房、游泳馆、体育馆、厂房、畜牧场、育苗室等场所得到了应用。此外，地板供暖还可用于室外车站、停车场、桥梁和道路地面、户外运动场、竞技场地面的加热化雪及加热花木种植地、草地等。

三、管路系统构造与形式

一个完整的地板供暖系统包括热源、供暖管路系统、分水器、集水器、水泵、补水/定压装置及阀门、温度计、压力表等。安装在地面上的辐射供暖系统一般包含发热体、保温（防潮）层、填料层等部分。地板供暖目前常用的发热体是水管，在水管中通入 $30 \sim 60 ℃$ 的热水，依靠热水的热量向室内供暖。为了使热量向上传，一般在水管底部铺设保温（防潮）层。特别在建筑物的底层，向下的热量是纯粹的热损失，所以应尽可能地减少。在楼层地面，有些学者提出可以不设绝热层，因为向下的热量对下层的房间有供暖作用。在辐射传热占主要份额的情况下，这种主张是有理论根据的。不设绝热层时，又可以减小建筑层高，降低地暖成本，减少施工工序；不设保温层时，在施工工艺方面甚至可以有大的改变，即将水管现浇在水泥砂浆中。不过这样做时，要注意建筑冷桥，在墙体不做绝热保温的情况下，会造成通过楼板和墙体向外的热损失（管下设保温层时，施工中可以在垫层四周铺设保温层，隔绝经墙体向室外的热传导）。此外，辐射供暖双向传热时的基础研究和设计参考资料尚不足，也给实际应用带来困难。

绝热材料尽量选用密度小、量轻，有一定承载力，热阻高，吸湿率低，难燃或不燃，不腐不朽的高效保温材料。热阻大可以减小使用厚度从而减小建筑层高，质轻可以降低地面承重荷载。但绝热材料又必须有一定的强度，能够承受填充层的压力而不致有大的变形，更不能有破裂。

目前常用的保温材料中有水分存在时，毛细孔内的水分增强了传热而降低了保温效果。防潮层的主要作用是防止出现上述情况。防潮层可用各种塑料薄膜。目前很多企业引进国外技术，使用铝箔做防潮层。所谓铝箔，一般是真空镀铝的聚酯膜或玻璃布基铝箔面层。由于铝箔强度高，还可起到加强保温层及辅助卡钉固定作用的功效。防潮层表面印出尺寸，便于铺管时参照。但目前施工工艺中利用卡钉来固定管路，往往将铝箔穿得千疮百孔，破坏了防潮效果，这要通过改进安装工艺来解决。

此外，在铺设保温层之前，一定要注意保温层基面保持干燥。在绝热层底部做防潮，其本意是隔绝来自绝热层下方的潮气，但也隔绝了保温层水汽的排出。所以除了在底层潮湿土壤上做防潮层外，一般不设底部防潮层。当保温层使用加气混凝土等材料时，则无须铺设防潮层。由于密度大，热阻偏低，目前，加气混凝土等很少用作地板供暖的绝热层。

填料层或垫层的主要作用是保护水管，同时起到传热与蓄热作用，使得地面形成温度较为均匀的辐射加热面。从这个意义上来讲，水管和填料层构成了一个浑然一体的加热体。要起到保护水管的作用，就要求填料层有一定强度和刚度，并且尽可能传热、蓄热性能好，当然也要价廉、易施工。在地板供暖发展过程中，曾经用过沙子、沥青等填料，目前一般使用水泥砂浆或碎（卵）石混凝土。

使用混凝土做填料时，上面压光之后可以做地面，或在上面直接铺设地板革、塑料地毯，也可以再做实木地板、复合木地板或铺各种材质的面砖等。但一般不使用热阻很大的纯毛地毯，以免影响地暖效果。

加热管采取不同布置形式时，导致的地面温度分布是不同的。布管时，应本着保证地面温度均匀的原则进行，宜将高温管段优先布置于外窗、外墙侧，使室内温度尽可能均匀。

由于供暖系统一般有多个环路，所以要设分水器、集水器。它是连接热源和分支环路水管的集管。分水器将来自热源的供水按需要分为多路，集水器将多路回水集中，便于输送回热源再加热。分水器、集水器上设有阀门，可以调节和开关不同的水环路，是供暖系统的枢纽和中转站。为了防止锈蚀，分水器、集水器一般是铜质的。普通型的，配用手动阀；高档型的，可配用自控阀门及温度调节装置。

四、控制与调节

水媒辐射供暖系统调节一般应满足以下三个条件：①调节应是对于整个地板面积而言，要保证水量恒定；②防止出水温度过高造成管内压力过高或管膨胀，并缩短管子的寿命；③调节条件稳定。

水媒地板供暖这类混凝土埋管式辐射板，由于热惯性大，对负荷变化的敏感性低，辐射面升（降）温过程长，因此其控制调节不应等同于传统供暖空调系统所用方式。传统供暖空调系统节能控制的方法，如夜间低设，用于重质辐射板则不一定节能，反而因温度下降后较长时间不能回升而降低室内舒适程度。正确的控制原则应该是使失热量和供热量相当。

低温热水地面辐射供暖系统室内温度控制，可根据需要选取下列任一种方式：①在加热管与分水器、集水器的接合处，分路设置调节性能好的阀门，通过手动调节来控制室内温度；②各个房间的加热管局部沿墙槽抬高至 1.4 m，在加热管上装置自力式恒温控制阀，控制室温保持恒定；③在加热管与分水器、集水器的接合处，分路设置远传型自力式或电动式恒温控制阀，通过各房间的温控器控制相应回路上的调节阀，控制室内温度保持恒定。调节阀也可内置于集水器中。采用电动控制阀时，房间温控器与分水器、集水器之间应预埋电线。

对于大型系统，为了节能，也可以采取室外空气温度再设控制这样的方法。根据室外空气温度计算出所需供水温度，再通过混水阀等执行机构实现。

五、塑料管材及绝热材料

（一）塑料管材

地面辐射供暖系统中所用管材，应根据工作温度、工作压力、荷载、设计寿命、现场防水、防火等工程环境的要求，以及施工性能，经综合考虑和经济比较后确定。

塑料管材的基本荷载形式是内液压，而它的蠕变特性是与强度（管内壁承受的最大应力，即环应力）、时间（使用寿命）和工作温度密切相关的。在一定的工作温度下，随着要求强度的增大，管材的使用寿命将缩短。在一定强度要求下，随着管材工作温度的升高，管材的使用寿命也将缩短。所以，在设计低温热水地面辐射供暖系统时，热媒温度和系统工作压力不应定得过高。

所有根据国家现行管材标准生产的合格产品，都可以放心地用作加热管。目前常用的地板供暖管主要有以下几种：交联聚乙烯（PE-X）管、聚丁烯（PB）管、交联铝塑复合（XPAP）管、耐热聚乙烯（PE-RT）管、无规共聚聚丙烯（PP-R）管和嵌段共聚聚丙烯（PP-B）管等。

交联聚乙烯管是由聚乙烯（PE）、抗氧化剂、硅烷或过氧化物混合反应而成的聚合物。PE 经交联后，保持了原有的绝大部分特性并进一步提高了硬度、强度、抗蠕变、抗老化性能，成为地板供暖理想的管材。目前地板供暖使用的 PE-X 管，多是化学方式交联的。其中采用过氧化物交联的，符号为 PE-Xa；采用硅烷交联的，符号为 PE-Xb。两者交联度不同，外观上显示透明度有差别，但用作地板供暖时都能满足要求。

铝塑复合管由内外两层塑料管与中间一层增强铝管组成的复合材料制成。例如由内外两层 PE 材料与中间一层铝材复合制成的铝塑复合管，当其 PE 层经交联时，称为交联铝塑复合管。一般芯层 PE 都是经交联的，外层 PE 可以是交联的，也可以不经交联，都可用于热水输送，但以内外层交联的为优。一般铝塑管材都有氧渗透的问题。铝塑复合管由于中间层铝管的存在，使其防止氧渗透的能力比其他塑料管材为优。其他管材也可以在生产工艺中增加阻氧层，以满足防止氧渗透的要求。

聚丁烯管由聚丁烯塑料（PB）单体聚合而成，性能稳定，具有耐寒、耐热、耐压、耐老化等突出优点，是一种理想的地板供暖用管材。

无规共聚聚丙烯（PP-R）由聚丙烯（PP）经聚合处理而成，在不同程度上具有 PE-X 管和 PB 管的优异性能，也是一种良好的地板供暖管材。

以上所述的常用管材，不但都有完善的测试数据和质量控制标准，而且都已经过实践考验。设计选材时，应结合工程的具体情况确定。对许用设计环应力过小的管材，如嵌段共聚聚丙烯（PP-B）管，设计时应正确选择使用。同时，随着人们环保意识的增强，在选择管材时，应重视管材是否能回收利用的问题，以防止对环境造成新的污染。

铜管也是一种适用于低温热水地面辐射供暖系统的加热管材，具有热导率高、阻氧性能好、易于弯曲且符合绿色环保要求等特点，正逐渐为人们所接受。

在集中供暖系统中，有时地暖系统会与使用散热器的供暖系统共用同一集中热源和同一水系统。由于传统供暖系统常用的钢制散热器等构件易腐蚀，因而对于水质有软化和除氧要求。而未经特殊处理的 PB 管、PE-X 管和 PP-R 管都会有氧气渗入，会加快钢制设备器件的氧化腐蚀，此时宜选用铝塑复合管或有阻氧层的 PB 管、PE-X 管和 PP-R 管。

（二）绝热材料

绝热材料应采用热导率小、难燃或不燃，具有足够承载能力的材料，且不宜含有殖菌源，不得有散发异味及可能危害健康的挥发物。

目前，在水媒辐射供暖工程中使用最多的是聚苯乙烯泡沫塑料。聚苯乙烯泡沫塑料以合成树脂为原料，加入发泡剂，在反应过程中释放、放出大量气体，在树脂的内部形成大量小气孔，从而制成泡沫塑料。泡沫塑料种类繁多，几乎每种合成树脂都可以制成相应品质的泡沫塑料，通常以所用树脂命名。目前建筑上应用较多的有聚苯乙烯泡沫塑料、聚氨酯泡沫塑料、聚氯乙烯泡沫塑料等。其中聚苯乙烯泡沫塑料因其价格相对较低、保温性能好，故被广泛应用。泡沫塑料根据软硬不同，有"硬质发泡体""软质发泡体"和"半硬质发泡体"三种。发泡倍率在五倍以下的，通常称为低发泡泡沫塑料；五倍以上的为高发泡泡沫塑料。按照泡沫中气孔相互之间是否相通，又可分为开孔发泡塑料和闭孔发泡塑料两种，在暖通空调专业范围内，前者可用作消声吸声材料，后者常用作保温绝热材料。

聚苯乙烯泡沫塑料具有以下特性：

（1）热阻大，保温性能好，密度在 $20\sim50$ kg/m^3，平均导热系数仅为 0.044 W/（m·K）。

（2）防潮性好，闭孔结构使其不易吸水。

（3）质轻，容量可小到 20 kg/m^3 以下。

（4）施工方便，用电热丝或线锯切割，也便于与铝箔等材料制成复合材料。

（5）适用于保温 $-40\sim+70$ ℃ 的介质，适合于辐射供暖供冷的温度使用范围。

（6）加阻燃剂后难燃，具有自熄性。

（7）性能稳定，不腐蚀，密度较高时，有一定强度，外形尺寸稳定，适于在填充层内使用。地面辐射供暖工程中采用的聚苯乙烯泡沫塑料主要技术指标应符合《辐射供暖供冷技术规程》的规定。

当采用其他绝热材料时，其技术指标应按《辐射供暖供冷技术规程》的规定，选用同等效果绝热材料。当采用发泡水泥做保温材料时，保温厚度一般为 $40\sim50$ mm。发泡水泥热导率约为 0.09 W/（m·K）。该材料具有承载能力强、施工简便、机械化程度高的特点，适用于大面积地面供暖系统。

第四节　其他节能技术

一、气候补偿与节能

建筑物的耗热量因受室外气温、太阳辐射、风向和风速等因素的影响，时刻都在变化。要保证在室外温度变化的条件下，维持室内温度符合用户要求（如18 ℃），就要求供暖系统的供回水温度应在整个供暖期间根据室外气候条件的变化进行调节，以使用户散热设备的放热量与用户热负荷的变化相适应，防止用户室内温度过高或过低。即通过气候补偿器及时而有效地运行调节，使得在保证供暖质量前提下达到节能的效果。

（一）气候补偿器基本工作原理

当室外气候发生变化时，布置在建筑室外的温度传感器将室外温度信息传递给气候补偿器。气候补偿器根据室外空气温度的变化和其内部设有的不同条件下的调节曲线求出恰当的供水温度，通过输出调节信号控制电动调节阀开度，从而调节热源出力，使其输出供水温度符合调节曲线水温以满足末端负荷的需求，实现系统热量的供需平衡。气候补偿节能控制系统依据室外环境温度变化，以及实际检测供/回水温度与用户设定温度的偏差，通过 PI/PID 方式输出信号控制阀门的开度。在供暖系统中，气候补偿器能够按照室内供暖的实际需求，对供暖系统的供热量进行有效的调节，有利于供暖的节能，最大化地节约能源，克服室外环境温度变化造成的室内温度波动，达到节能、舒适之目的。

（二）气候补偿器系统组成

一般气候补偿器系统由以下四种主要产品组成：

（1）气候补偿节能控制器。气候补偿节能控制器由温度控制器和时间设定器组成。其作用是依据供/回水温度，以及室外温度进行气候补偿温度控制和时段设定。

（2）温度传感器。温度传感器的作用是检测供/回水温度（依据实际管径大小，可选捆绑式和浸入式两种）。

（3）室外温度补偿传感器。室外温度补偿传感器的作用是检测室外温度。

（4）电动温控阀。电动温控阀用于液体、气体系统管道介质流量的模拟量调节。如一次系统介质为水，且水泵为变频运行或介质为蒸汽时，阀门一般采用二通阀体；如一次系统介质为水，且水泵为工频运行时，建议选用三通阀体，避免破坏水泵的运行工况，达到节电的目的。

（三）气候补偿器适用范围

气候补偿器一般用于供暖系统的热力站中，或者采用锅炉直接供暖的供暖系统中，是局部调节的有力手段。气候补偿器在直接供暖系统和间接供暖系统中都可以应用，但在不同的系统中其应用方式有所区别。

1. 直接供暖系统

当温度传感器检测到供水温度值在允许波动范围值之内时，气候补偿器控制电动调节阀不动作；当供水温度值高于计算温度允许波动的上限值时，气候补偿器控制电动调节阀门增大开度，增加进入系统供水中的回水流量，以降低系统供水温度，反之亦然。

2. 间接供暖系统

在间接供暖系统中，气候补偿器通过调节进入换热器的一次侧供水流量来控制用户侧供水温度。当温度传感器检测到用户侧供水温度值在允许波动范围值之内时，气候补偿器控制电动调节阀不动作；当用户侧供水温度值高于计算温度允许波动的上限值时，气候补偿器控制电动调节阀门增大开度，通过增大旁通管的供水流量，减少进入换热器的一次侧供水流量，以减小换热量，进而降低用户侧供水温度，反之亦然。

（四）气候补偿器系统特点

由于气候补偿系统的组成和其调节特性，所以气候补偿系统有其自身的特点。

（1）针对不同的现场工况，选择相应的曲线号，实现各种智能化节能运行模式，无人值守，性价比高。

（2）通过微积分计算，提前预测温度变化趋势，控温准确；采用连续调节 PI/PID 控制方式，控制精度最高可达到 0.5 ℃。

（3）可由控制器读取当前实际供/回水温度、室外环境温度、控制器使用曲线号，设定供/回水温度、温控阀实际开度。

（4）日期和时间显示，每日程序和每周程序设置，多个可编程时间段设置，手动开关控制，大屏幕液晶显示，数字输入的定时器。

（5）自动工作模式：启动分时段工作方式，按时段的温度设定自动改变。

（6）手动工作模式：分时段设定的数据无效，连续执行现行的设定温度。

（7）记忆功能，断电后已设定的数据不会丢失，备存一段时间（如 72 h）。

（8）低温保护，防冻功能。

（9）控制供暖温度，提高了舒适性，又避免了不必要的能量消耗，节能效果显著。

二、热网的水力平衡

（一）水力平衡的概念和作用

供暖管网的水力平衡用水力平衡度来表示。所谓水力平衡度，就是供暖管网运行时各管段的实际流量与设计流量的比值。该值越接近 1，说明供暖管网的水力平衡度越好，《居住建筑节能检测标准》规定：采暖系统室外管网热力入口处的水力平衡度应为 0.9~1.2。

为保证供暖管网的水力平衡度，首先在设计环节就应进行仔细的水力计算及平衡计算。然而，尽管设计者做了仔细的计算，供暖管网在实际运行时，由干管材、设备和施工等方面出现的差别，各管段及末端装置的水流量并不可能完全按设计要求输配，因此需要在供暖系统中采取一定的措施。

（二）管网水力平衡技术

为确保各环路实际运行的流量符合设计要求，在室外热网各环路及建筑物入口处的供暖供水管或回水管上应安装平衡阀或其他水力平衡元件，并进行水力平衡调试。

目前采用较多的是平衡阀及平衡阀调试时使用的专用智能仪表。实际上，平衡阀是一种定量化的可调节流通能力的孔板；专用智能仪表不仅用于显示流量，更重要的是配合调试方法，原则上只需要对每一环路上的平衡阀做一次性的调整，即可使全系统达到水力平衡。这种技术尤其适用于逐年扩建热网的系统平衡。因为只要在每年管网运行前对全部或部分平衡阀重做一次调整，即可使管网系统重新实现水力平衡。

（1）平衡阀的特性。平衡阀属于调节阀范畴，它的工作原理是通过改变阀芯与阀座的间隙（即开度）来改变流经阀门的流动阻力以达到调节流量的目的。从流体力学观点看，平衡阀相当于一个局部阻力可以改变的节流元件。平衡阀以改变阀芯的行程来改变阀门的阻力系数，而流量因平衡阀阻力系数的变化而变化，从而达到调节流量的目的。

平衡阀与普通阀门不同之处在于有开度指示、开度锁定装置及阀体上有两个测压小孔。在管网平衡调试时，用软管将被调试的平衡阀测压小孔与专用智能仪表连接，仪表能显示出流经阀门的流量及压降值，经仪表的人机对话向仪表输入该平衡阀处要求的流量值后，仪表经计算分析，可显示出管路系统达到水力平衡时该阀门的开度值。

（2）平衡阀安装位置。管网系统中所有需要保证设计流量的环路中都应安装平衡阀。每一环路中只须安装一个平衡阀（或安设于供水管路，或安设于回水管路），可代替环路中一个截止阀（或闸阀）。

热力站或集中锅炉房向若干热力站供热水，为使各热力站获得要求的水量，宜在各热力站的一次环路侧回水管上安装平衡阀。为保证各二次环路水量为设计流量，热力站的各二次环路侧也宜安设平衡阀。

小区供暖管网往往由一个锅炉房（或热力站）向若干栋建筑供暖，由总管、若干条干管及各干管上与建筑入口相连的支管组成。由于每栋建筑距热源远近不同，一般又无有效设备来消除近环路剩余压头，使得流量分配不符合设计要求，导致近端过热、远端过冷。建议在每条干管及每栋建筑入口处安装平衡阀，以保证小区中各干管及各栋建筑间流量的平衡。

（3）平衡阀选型原则。为了合理地选择平衡阀的型号，在系统设计时要进行管网水力计算及环路平衡计算，按管径选取平衡阀的口径（型号）。对于旧系统改造时，由于资料不全并为方便施工安装，可按管径尺寸配设同样口径的平衡阀，但应做压降校核计算，以避免原有管径过于富裕使流经平衡阀时产生的压降过小，引起调试时由于压降过小而造成较大的误差。

（4）专用智能仪表。专用智能仪表是平衡阀的配套仪表。在专用智能仪表中已存储了全部型号平衡阀的流量、压降及阀门系数的特性资料，同时也存储了简易法及比例法两种平衡阀调试法的全部软件。仪表由两部分构成，即差压变送器和仪表主机。差压变送器选用体积小、精度高、反应快的半导体差压传感器，并配以连通阀和测压软管；仪表主机由微机芯片，A/D 变换器、电源、显示器等部分组成。差压变送器和仪表主机之间用连接导线连接。

三、热网的保温

供暖管网在热量从热源输送到各热用户系统的过程中，由于管道内热媒的温度高于环境温度，热量将不断地散失到周围环境中，从而形成供暖管网的散热损失。管道保温的主要目的是减少热媒在输送过程中的热损失，节约燃料，保证温度。热网运行经验表明，即使有良好的保温，热水管网的热损失仍占总输热量的5%~8%，蒸汽管网占 8%~12%，而相应的保温结构费用占整个热网管道费用的25%~40%。

供暖管网的保温是减少供暖管网散热损失，提高供暖管网输送热效率的重要措施。然而增加保温厚度会带来初投资的增加，因此，如何确定保温厚度以达到最佳的效果，是供暖管网节能的重要内容。

（一）保温厚度的确定

供暖管道保温厚度应按《设备及管道绝热设计导则》中的计算公式确定。《设备及管道绝热设计导则》明确规定："为减少保温结构散热损失，保温材料厚度应按'经济厚度'的方法计算。"所谓经济厚度，就是指在考虑管道保温结构的基建投资和管道散热损失的年运行费用两者因素后，折算得出在一定年限内其费用为最小值时的保温厚度。年总费用是保温结构年总投资与保温年运行费之和。保温层厚度增加时，年热损失费用减少，但保温结构的总投资分摊到每年的费用则相应地增加；反之，保温层减薄，年热损失费用增大，保温结构总投资分摊费用减少。年总费用最小时所对应的最佳保温厚度即为经济厚度。

在《严寒和寒冷地区居住建筑节能设计标准》中对供暖管道的保温厚度做了规定。推荐采用岩棉或矿棉管壳及聚氨酯硬质泡沫塑料保温管（直埋管）三种保温管壳，它们都有较好的保温性能。铺设在室外和管沟内的保温管均应切实做好防水防潮层，避免因受潮增加散热损失，并在设计时要考虑管道保温厚度随管网面积增大而增加厚度等情况。

（二）供暖管网保温效率分析

供暖管网保温效率是输送过程中保温程度的指标，体现了保温结构的效果，理论上采用热导率小的保温材料和增加厚度都将提高供暖管网保温效率。但基于前面提到的经济原因，并不是一味地增加厚度就是好的，应在年总费用的前提下考虑提高保温效率。

在相同保温结构时，供暖管网保温效率还与供暖管网的敷设方式有关。架空铺设方式由干管道直接暴露在大气中，保温管道的热损失较大、管网保温效率较低；而地下铺设，尤其是直埋铺设方式，保温管道的热损失小、管网保温效率高。经北京、天津、西安等地冬季供暖期多次实地检测，每千米保温管中介质温降不超过 1 ℃，热损失仅为传统管材的 25%。

管道经济保温厚度是从控制单位管长热损失角度而制定的，但在供热量一定的前提下，随着管道长度增加，管网总热损失也将增加。就合理利用能源和保证距热源最远点的供暖质量来说，除了应控制单位管长的热损失之外，还应控制管网输送时的总热损失，使输送效率提高到规定的水平。

四、散热设备

（一）散热器的节能

散热器是供暖系统末端散热设备。散热器的散热过程是能量平衡过程。对于散热器的节能，一些专家认为可以从加工过程的能耗、耗材、使用过程的有利散热、水容量、金属热强度等指标考虑。所谓金属热强度，是指散热器内热媒平均温度与室内空气温度差为 1 ℃时，每千克散热器单位时间所散出的热量。

散热器的单位散热量、金属热强度和单位散热量的价格这三项指标，是评价和选择散热器的主要依据。特别是金属热强度指标，是衡量同一材质散热器节能性和经济性的重要标志。

（二）散热器的选择

散热设备首先应选用国家有关部门推荐的节能产品，《住宅设计规范》《民用建筑供暖通风与空气调节设计规范》均对散热器选用做了规定。要求散热器与供暖管道同寿命；民用建筑宜采用外形美观、易于清扫的散热器；具有腐蚀性气体的工业建筑或相对湿度较大的房间，应采用耐腐蚀的散热器；安装热量表和恒温阀的热水供暖系统不宜采用水流通道内含有黏沙的铸铁等散热器，要求根据水质选用不同的散热器。采用钢制散热器时，应采用闭式系统等。

（三）表面涂料的影响

表面涂料对散热器散热量影响很大。《供暖与空调》一书中就指出涂料层对散热量的影响。早在 20 世纪 80 年代初原哈尔滨建工学院就做过这方面的研究，而后又有多个研究成果说明含金属颜料的涂层使散热器散热量减小。实验证明，散热器外表面涂刷非金属性涂料时，其散热量比涂刷金属性涂料时能增加 10% 左右。因此，我国的有关标准中规定，散热器的外表面应涂刷非金属性涂料。

（四）安装要求

（1）安装形式及位置。散热器提倡明装。如散热器暗装在装饰罩内，不但散热器的散热量会大幅度减少，而且由于罩内空气温度远高于室内空气温度，从而使罩内墙体的温差传热损失大大增加，为此应避免这种错误做法。在需要暗装时，装饰罩应有合理的气流通道、足够的通道面积并方便维修。

散热器布置在外墙的窗台下，从散热器上升的对流热气流能阻止从玻璃窗下降的冷气流，使流经人活动区的空气比较暖和，给人以舒适的感觉；如果将散热器布置在内墙，流经人们经常停留地区的是较冷的空气，使人感到不舒适，也会增加墙壁积尘的可能。但是在分户热计量系统，为了有利于户内管道的布置，也可以把散热器布置在内墙。

（2）连接方式。散热器支管连接方式不同，散热器内的水流组织也不同，从而使散热器表面温度场变化而影响散热量。

（3）散热器的散热面积。根据热负荷计算确定散热器所需热损失，并且扣除室内明装管道的散热量，这是防止供热过多的措施之一。不应盲目地增加散热器的安装数量。有些人认为散热器装得越多就越好，实际效果并非如此。盲目增加散热器数量，使室内过热既不舒服又浪费能源，还容易造成系统热力失匀和水力失调，使系统不能正常供暖。

第五章 建筑暖通空调施工安装基本知识

建筑暖通空调系统的施工安装是确保建筑物内部环境舒适度和能效的关键环节。随着技术的进步和人们生活质量要求的提高，暖通空调系统不仅要满足基本的功能需求，还要兼顾节能环保的要求。本章将介绍建筑暖通空调施工安装的基本知识，旨在为从事暖通空调工程的技术人员提供实用的指导和参考。

第一节 常用水暖管道材料

一、管材的种类和规格

金属管材在建筑设备安装工程中占有很大的比例，在安装前应当了解其质量特性和规格种类。

（一）碳素钢管

由于碳素钢管机械性能好，加工方便，能承受较高的压力和耐较高的温度，可以用来输送冷热水、蒸汽、燃气、氧气、乙炔、压缩空气等介质，且易于取材，因此是设备安装工程中最常用的管材。但碳素钢管遇酸或在潮湿环境中容易发生腐蚀，从而降低管材原有的机械性能，所以工程上使用碳素钢管时一般要做防腐处理或采用镀锌管材。常见的碳素钢管有无缝钢管、焊接钢管、铸铁管三种。

1. 无缝钢管

无缝钢采用碳素钢或合金钢冷拔（轧）或热轧（挤压、扩）制成。同一规格的无缝钢管有多种壁厚，以满足不同的压力需要，所以无缝钢管不用公称通径表示，而用外径×壁厚表示，如 φ155×4.5 表示外径 155 mm、壁厚 4.5 mm 的钢管。无缝钢管规格多、耐压力高、韧性强、成品管段长，多用在锅炉房、热力站、制冷站、供热外网和高层建筑的冷、热水等高压系统中。一般工作压力在

0.6~1.57 MPa 时都采用无缝钢管。

安装工程中采用的无缝钢管应有质量证明书，并提供机械性能参数。优质碳塑管还应提供材料化学成分。外观检查不得有裂缝、凹坑、鼓包及壁厚不均等缺陷。

除了常用的输送流体用无缝钢管外，还有锅炉无缝钢管、石油裂化用无缝钢管等专用无缝钢管。无缝钢管一般不用螺纹连接而多采用焊接连接。

普通焊接钢管由碳素钢或低合金钢焊接而成。按表面镀锌与否分为黑铁管和白铁管。黑铁管表面不镀锌；白铁管表面镀锌，也叫镀锌管。镀锌管抗锈蚀性能好，常用于生活饮用和热水系统中。常用的低压流体输送焊接钢管规格为 DN6~DN150，适用于 0~140 ℃ 工作压力较低的流体输送。其中，普通管可承受1.96 MPa 的水压试验，加厚管能承受 2.94 MPa 的水压试验。焊接钢管有两端带螺纹和不带螺纹两种。两端带螺纹的管长 6~9 m，供货时带一个管接头；不带螺纹的管长 4~12 m。焊接钢管以公称通径标称。

2. 铸铁管

铸铁管优点是耐腐蚀，经久耐用；缺点是质脆，焊接、套丝、煅弯困难，承压能力低，不能承受较大动荷载，多用于腐蚀性介质和给排水工程中。

（二）合金钢管及有色金属管

1. 合金钢管

合金钢管是在碳素钢中加入锰（Mn）、硅（Si）、钒（V）、钨（W）、钛（Ti）、铌（Nb）等元素制成的钢管，加入这些元素能加强钢材的强度或耐热性。合金钢管多用在加热炉、锅炉耐热管和过热器等场合。连接可采用电焊和气焊，焊后要对焊口进行热处理。合金钢管一般为无缝钢管，规格同碳素无缝钢管。

2. 铝管及铝塑复合管

铝管是由铝及铝合金经过拉制和挤压而成的管材，使用最高温度为 150 ℃，公称压力不超过 0.588 MPa。常用 12、13、14、15 牌号的工业铝制造，加工方法为拉制或挤压成形。铝及铝合金管有较好的耐腐蚀性能，常用于输送浓硝酸、脂肪酸、丙酮、苯类等液体，也可用于输送硫化氢、二氧化碳等气体，但不能用于输送碱和氯离子的化合物。薄壁管由冷拉或冷压制成，供应长度为 1~6 m；厚壁管由挤压制成，最小供应长度为 300 mm。铝及铝合金管规格（外径 mm）有 11、

14、18、25、32、38、45、60、75、90、110、120、185，壁厚 0.5～32.5 mm。铝合金管由铝镁、铝锰体系组成，其特点是耐腐蚀性、抛旋光性高，塑性和强度提高。纯铝管可焊性好；铝合金管焊接稍难，多采用氩弧焊接。

3. 铜管

常用铜管有紫铜管（纯铜管）和黄铜管（铜合金等），紫铜管主要由 12、13、T4、TUP（脱氧铜）制造，黄铜管主要由 H62、H68、HPb59-1 等牌号的黄铜制造。

4. 铅管

铅是一种银灰色金属，其硬度小、密度大、熔点低、可塑性好、电阻率大、易挥发，具有良好的可焊性和耐蚀性，阻止各种射线的能力很强。铅的强度较低，在铅中加入适量的锑，不但能增加铅的硬度，而且还能提高铅的强度；但如果加入的锑过多，又会使铅变脆，而且也会削弱铅的耐腐蚀性和可焊性。由于铅有毒，因此不能用于食品工业的管道与设备，也不能用作输送生活饮用水的管材。由于铅的强度和熔点较低，而且随着温度的升高，强度降低极为显著，因此，铅制的设备及管道不能超过 200 ℃，且温度高于 140 ℃时，不宜在压力下使用。铅的硬度较低，不耐磨，因此铅管不宜输送有固体颗粒、悬浮液体的介质。铅管分为纯铅管（软铅管）和铅合金管（硬铅管），主要用来输送 140 ℃以下的酸液。铅管标称用内径×外径表示。

（三）非金属管材

非金属管材可大致分为陶土、水泥材质的管材和塑料管材。陶土、水泥材质的管材耐腐蚀、价格低廉，一般作为大尺寸管子，用在不承受压力的室外排水系统中。塑料管材主要包括聚氯乙烯系列管、聚烯烃系列管、钢（铝）塑复合管、ABS、玻璃钢管材等。塑料管材具有重量轻、耐腐蚀、表面光滑、安装方便、价格低廉等优点。它是新兴的材料，在建筑设备安装工程中逐渐被广泛应用于给水、排水、热水和燃气管道中。

1. 冷热水用耐热聚乙烯（PE-RT）管

燃气输送管道多采用中密度管，中密度管（MDPE）有 SDRU 和 SDR17.6 系列，SDR11 系列管壁较厚，工作压力小于 0.4 MPa；SDR17.6 系列管壁较薄，工作压力小于 0.2 MPa；两个系列都有 16 个规格，公称外径为 20~25 mm。高密度管（HDPE）可用于水或无害、无腐蚀的介质输送，国产高密聚乙烯包括 25 个规格，公称外径为 16~630 mm，有 PE63、PE80、PE100 三个级别，每个级别有 5 个系列，分别适用于不同的公称压力。

2. 无规共聚聚丙烯（PPR）管和聚丁烯（PB）管

无规共聚聚丙烯管是 20 世纪 80 年代末 90 年代初发展起来的新兴管材，具有重量轻、强度好，耐腐蚀、不结垢，防冻裂、耐热保温、使用寿命长等特点；但抗冲击性能差，线性膨胀系数大。无规共聚聚丙烯管公称外径为 20~63 mm，壁厚 12.3~12.7 mm，公称压力 1.0~3.2 MPa。可用于建筑冷热水、空调系统、低温采暖系统等场合。聚丁烯管是用聚丁烯合成的高分子聚合物制成的管材，主要应用于各种热水管道。

3. 硬聚氯乙烯（PVC-U）管

硬聚氯乙烯管是以高分子合成树脂为主要成分的有机材料，按照用途分为给水管和排水管两种。

（1）给水用硬聚氯乙烯塑料管材。

给水用硬聚氯乙烯管材是以聚氯乙烯树脂为主要原料，经挤压成形的，用于输送水温不超过 45 ℃的一般用途和生活饮用水管材。给水用硬聚氯乙烯塑料管的连接形式分为弹性密封圈连接和溶剂黏结。

（2）建筑排水用硬聚乙烯管材。

建筑排水用硬聚氯乙烯管材是以聚氯乙烯树脂为主要原料，加入其所需的助剂，经挤出成形的，适用于民用建筑物内排水，管材规格用公称外径（DN）×公称壁厚（e）表示。

4. 氯化聚氯乙烯（CUPVC）管

氯化聚氯乙烯管是由含氯量高达 66%的过氯乙烯树脂加工而成的一种耐热管材，其具有良好的强度和韧性，具有耐化学腐蚀、耐老化、自熄性阻燃、热阻大等特点。规格为公称直径 15~300 mm，供应管长 4 m，公称压力有 1.0 MPa 和 1.6 MPa，使用温度范围为 40~95 ℃，适用于各种冷热水系统及污水管、废液管。

5. 给水高密度聚乙烯（HDPE）管

其适合于建筑物内外（架空或埋地）给水温度不超过 45 ℃的系统，管材规格用 DN（外径）×e（壁厚）表示。

6. 给水低密度聚乙烯（LDPE）管

其适合于公称压力为 0.4，0.6，1.0 MPa、公称外径 16~110 mm、输送水温 40 ℃以下埋地给水管，管材规格用 DN（外径）×e（壁厚）表示。

此外，还有钢衬玻璃管、钢塑复合管、耐酸橡胶管和耐酸陶瓷管等，主要用于腐蚀性、酸性介质的输送。

塑料管连接可根据不同管材采用承插连接、热熔焊接、电熔连接、胶黏连接、挤压头连接等方式。

二、管道附件

（一）金属螺纹连接管件

金属螺纹连接管子配件的材质要求密实、坚固，且有韧性，便于机械切削加工。管子配件的内螺纹应端正、整齐、无断丝，壁厚均匀一致、无砂眼，外形规整。主要用可锻铸铁、黄铜或软钢制造而成。

1. 铸铁管管件

铸铁管管件由灰铸铁制成，分为给水管件和排水管件。给水铸铁管件壁厚较厚，能承受一定的压力。连接形式有承插和法兰连接，主要用于给水系统和供热管网中。给水铸铁管件按照功能分为以下四类：

（1）转向连接。

如 90°、45°等各种弯头。

（2）分支连接。

如丁字管、十字管等。

（3）延长连接。

如管子箍（套袖）。

（4）变径连接。

如异径管（大小头）。

2. 排水铸铁管件

壁厚较薄，为无压自流管件，连接形式都是承插连接，主要用于排水系统。

排水铸铁管件按照功能分为以下四类：

（1）转向连接。

如 90°、45°弯头和乙字弯。

（2）分支连接。

如 T 形三通和斜三通、正四通和斜四通。

（3）延长连接。

如管子箍、异径接头。

（4）存水弯。

如 P 形弯、S 形弯。

（二）非金属管件

1. 塑料管管件

塑料管管件主要用于塑料管道的连接，各种功能和形式与前述各种管件相同。但由于连接方式不同，塑料管管件可大致分为熔接、承插连接、黏结和螺纹连接四种，熔接一般用在 PP-R 给水及采暖管道的连接，承插连接多用于排水用陶土及水泥管道连接，黏结用于排水用 UPVC 管道的连接，螺纹连接管件一般用于 PE 给水管道的连接，内部一般设有金属嵌件。

2. 挤压头连接管件

这种管件内一般都设有卡环，管道插入管件内后，通过拧紧管件上的紧固圈，将卡环顶进管道与管件内的空隙中，起到密封和紧固作用。

在管路连接中，法兰盘既能用于钢管，也能用于铸铁管；可以和螺纹连接配合，也可以焊接；可以用干管子延长连接，也可作为节点连接用，所以它是一种多用途的配件。

第二节　常用通风与水暖施工安装机具

一、常用通风空调管道材料

通风空调工程所用材料一般分为主材和辅材两大类。主材主要指板材和型钢，辅材指常用紧固件、型钢等。

（一）常用板材

1. 金属板材

常用的金属薄板有普通钢板、镀锌钢板、塑料复合钢板、不锈钢板和铝板等。

铝板有钝铝和合金铝两种，用于通风空调工程的铝板以纯铝为多。铝板质轻、铝板不能与其他金属长期接触，否则将对铝板产生电化学腐蚀。所以铝板铆接加工时不能用碳素钢铆钉代替铝铆钉；铝板风管用角钢做法兰时，必须做防腐绝缘处理，如镀锌或喷漆。铝板风管的价格一般高出镀锌钢板风管两倍左右，因而比不锈钢风管用得普遍。

2. 非金属板材

在通风与空调工程中，常用的非金属材料有硬聚氯乙烯板、玻璃钢风管等。

（1）硬聚氯乙烯。

它具有一定强度和弹性，线膨胀系数小，热导率也不大[$\lambda = 0.15$ W/（$m^2 \cdot ℃$）]，具有便于加工成形等优点，所以用它制作的风管及加工的风机，常用于输送温度在 $10 \sim 60 ℃$、含有腐蚀性气体的通风系统中。

硬聚氯乙烯板的表面应平整，不得含有气泡、裂纹；板材的厚薄应均匀，无离层等现象。

（2）玻璃钢。

玻璃钢是以玻璃纤维（玻璃布）为增强材料、以耐腐蚀合成树脂为胶黏剂复合而成的。玻璃钢制品如玻璃钢风管及部件等，具有重量轻、强度高、耐腐蚀、抗老化、耐火性好，但刚度差等特点，广泛用于纺织、印染、化工、冶金等行业的通风系统中（带有腐蚀性气体的除外）。

（二）常用紧固件

1. 螺母

螺母按形状分六角螺母和方螺母，从加工方式的不同可分为精制、粗制和冲压螺母。

2. 螺栓

螺栓又称为螺杆，它按形状分为六角、方头和双头（无头）螺栓；按加工要求分为粗制、半精制、精制。规格表示：公称直径×长度或公称直径×长度×螺纹长度。

3. 垫圈

垫圈分为平垫圈和弹簧垫圈。平垫圈垫于螺母下面，可以增大螺母与被紧固件间的接触面积，降低螺母作用在单位面积上的压力，并起保护被紧固件表面不受摩擦损伤的作用。弹簧垫圈富有弹性，能防止螺母松动。适用于常受振动处。它分为普通与轻型两种，规格与所配合使用的螺栓一致，以公称直径表示。

4. 膨胀螺栓

膨胀螺栓形式繁多，但大体上可分为两类，即锥塞型和胀管型。这两类螺栓中有采用钢材制造的钢制膨胀螺栓，也有采用塑料胀管、尼龙胀管、铜合金胀管及不锈钢的膨胀螺栓。

锥塞型膨胀螺栓适用于钢筋混凝土建筑结构。它是由锥塞（锥台）、带锥套的胀管（也有不带锥套的）、六角螺栓（或螺杆和螺母）组成的。使用时，靠锥塞打入胀管，于是胀管径向膨胀使胀管紧塞于墙孔中。胀管前端带有公制内螺纹，可拧入螺栓或螺杆。为防止螺栓受振动影响引起胀管松动，可采用锥塞带内螺纹的膨胀螺栓。

胀管型膨胀螺栓适用于砖、木及钢筋混凝土等建筑结构。它是由带锥头的螺杆、胀管（在一端开有4条槽缝的薄壁短管）及螺母组成的。使用时，随着螺母的拧紧，胀管随之膨胀紧塞于墙孔中。对于受拉或受动载荷作用的支架、设备，宜使用这种膨胀螺栓。

用聚氯乙烯树脂做胀管的膨胀螺栓时，将其打入钻好的孔中，当拧紧螺母时，胀管被压缩沿径向向外鼓胀，从而螺栓更加紧固于孔中。当螺母放松后，聚氯乙烯树脂胀管又恢复原状，螺栓可以取出再用，这种螺栓对钢筋混凝土、砖及轻质混凝土等低密度材质的建筑结构均适用。

5. 射钉

用射钉安装支架与设备，位置准确、速度快，不用其他动力设施，并可节省能源和材料。射钉选用时，要考虑载荷量、构件的材质和钉子埋入深度。根据射钉的大小选用射钉弹，M10 的射钉打入 80 号砖深度 50 mm，需弹药 1.0 g；打入 300 号混凝土深度 50 mm，需弹药 1.3 g；打透 1 0 mm 厚的钢板用弹药重为 1.5 g。

为保证射钉安全，防止事故发生，射钉枪设有安全装置。装好射钉和弹药的射钉枪，在对空射击时弹药不会击发，枪口必须对着实体并用 30~50 N 的压力使枪管向后压缩到规定位置时，扣动扳机才能击发，这就保证了安全。

射钉是靠对基体材料的挤压所产生的摩擦力而紧固的。射钉紧固件轻型和中型静载荷，不宜承受振动载荷和冲击载荷。

射钉生产已做到系列化，常用的有十几种，分为两类：一种是一端带有公制普通螺纹的射钉；另一种是圆头射钉，有 M6、M8、M10 和 HM6、HM8、HM10 六个系列。

二、常用阀门和法兰

（一）常用阀门

水暖系统所用阀门种类较多，一般是用来控制管道机器设备流体工况的一种装置，在系统中起到控制调节流速、流量、压力等参数的作用。

手动阀门靠人力手工驱动；动力驱动阀门需要其他外力操纵阀门，按不同驱动外力，动力驱动阀门又可分为电动阀门、液压阀门、气动阀门等形式；自动阀门是借用于介质本身的流量、压力、液位或温度等参数发生的变化而自行动作的阀门，如止回阀、安全阀、浮球阀、减压阀、跑风阀、疏水阀等。按承压能力，可分为真空阀门、低压阀门、中压阀门、高压阀门、超高压阀门，一般建筑设备系统中所采用的阀门多为低压阀门。各种工业管道及大型电站锅炉采用中压、高压或超高压阀门。

1. 截止阀

截止阀主要用于热水、蒸汽等严密性要求较高的管路中，阻力比较大。手动截止阀由阀体、阀瓣、阀盖、阀杆及手轮组成，当手轮逆时针方向转动时，阀杆带动阀瓣沿阀杆螺母、螺纹旋转上升，阀瓣与阀座间的距离增大，阀门便开启或开大；手轮顺时针方向转动时，阀门则关闭或关小。阀瓣与阀杆活动连接，在阀门关闭时，使阀瓣能够准确地落在阀座上，保证严密贴合，同时也可以减少阀瓣与阀座之间的磨损。填料压盖将填料紧压在阀盖上，起到密封作用。为了减少水阻力，有些截止阀将阀体做成流线型或直流式。

常用于给水系统中。在锅炉给水管道上、水泵出口管上均应设置止回阀，防止由于锅炉压力升高或停泵造成出口压力降低而产生的炉内水倒流。

散热器温控阀适用于双管采暖系统，应安装在每组散热器的供水支管上或分户采暖系统的总入口供水管上。

2. 平衡阀

平衡阀还具有关断功能，可以用它代替一个关断阀门。平衡阀在一定的工作差压范围内，可有效地控制通过的流量，动态调节供热管网系统，自动消除系统剩余压力，实现水力平衡。平衡阀可装在热水采暖系统的供水或回水总管上，以及室内供暖系统各个环路上。在系统、总管及各分支环路上均可装设。阀体上标有水的流动方向箭头，切勿装反。

（二）常用法兰

法兰包括上下法兰片、垫片及螺栓螺母三部分。从外形上，法兰盘分为圆形、方形和椭圆形，分别用于不同截面形状的管道上，其中圆形法兰用得最多。

1. 法兰类型

（1）平焊法兰。

平焊法兰又叫搭焊法兰，多用钢板制作，易于制造、成本低，应用最为广泛。但法兰刚度差，在温度和压力较高时易发生泄漏。平焊法兰一般用于公称压力<2~5 MPa、温度<300 ℃的中低压管道。

（2）对焊法兰。

对焊法兰多由铸钢或锻钢制造，刚度较大，在较高的压力和温度条件下（尤其在温度波动条件下）也能保证密封。适用于工作压力<20 MPa、温度350~450 ℃的管道连接。

（3）松套法兰。

松套法兰又叫活动法兰，法兰与管子不固定，而是活动地套在管子上。连接时，靠法兰挤压管子的翻边部分，使其紧密接合，法兰不与介质接触。松套法兰多用于铜、铝等有色金属及不锈钢管道的连接。

常见的垫圈材料有橡胶板、石棉板、塑料板、软金属板等。

其他新型材料应根据其性能及设计要求选用。

三、常用水暖施工安装机具

（一）管道切断机具

氧气瓶是由合金钢或优质碳素钢制成的，容积为 38~40 L。满瓶氧气的压力为 15 MPa，必须经压力调节器降压使用。氧气瓶内的氧气不得全部用光，当压力降到 0.3~0.5 MPa 时应停止使用。氧气瓶不可沾油脂，也不可放在烈日下曝晒，与乙炔发生器的距离要大于 5 m，距离操作地点应大于 10 m，防止发生安全事故。

钟罩式乙炔发生器钟罩中装有电石的篮子沉入水中后，电石与水反应产生乙炔气，乙炔气聚集于罩内，当罩内压力与浮力之和等于钟罩总重量时，钟罩浮起，停止反应。滴水式乙炔发生器采取向电石滴水产生乙炔气，调节滴水量可控制乙炔气产气量。

为方便使用，也可设置集中式乙炔发生站，将乙炔气装入钢瓶，输送到各用气点使用。乙炔气瓶容积为 5~6 L，工作压力为 0.03 MPa，用碳素钢制成，使用时应竖直放置。割炬由割嘴、混合气管、射吸管、喷嘴、预热氧气阀、乙炔阀和切割气阀等构成。其作用是一方面产生高温氧气-乙炔焰，熔化金属，另一方面吹出高压氧气，吹落金属氧化物。

固定式机械氧气-乙炔焰切割机由机架、割管传动机构、割枪架、承重小车和导轨等组成。工作原理是割枪架带动割枪做往复运动，传动机构带动被切割的管子旋转。固定式机械氧气-乙炔焰切割机全部操作不用画线，只须调整割枪位置，切割过程自动完成。

便携式氧气-乙炔焰切割机为一个四轮式刀架座，用两根链条紧固在被切割的管壁上。切割时摇动手轮，经过减速器减速后，刀架座绕管子移动，固定在架座上的割枪完成切割作业。

三角定位大管径切割机，这种切割机较为方便，对于地下管道或长管道的切割十分方便（管道直径在 600 mm 以下、壁厚 12~20 mm 以内尤为适合）。

（二）管螺纹加工机具

螺纹不光或断丝缺扣是由于套丝时板牙进刀量太大、板牙不锐利或损坏、套丝时用力过猛或用力不均匀，以及管端上的铁渣积存等所引起。为了保证螺纹质量，套丝时第一次进刀量不可太大；为了处理钢管切割后留在管口内的飞刺，有些电动套丝机设有内管口铣头，当管子被切刀切下后，可用内管口铣头来处理这些飞刺。由于切削螺纹不允许高速运行，电动套丝机中需要设置齿轮箱，主要起减速作用。

钢管冷弯法是指钢管不加热，在常温下进行弯曲加工。由于钢管在冷态下塑性有限，弯曲过程费力，所以冷煨弯适用于管径小于 175 mm 的中小管径和较大弯曲半径的钢管。冷弯法有手工冷弯和机械冷弯，手工冷弯借助弯管板或弯管器弯管；机械冷弯依靠外力驱动弯管机弯管。

1. 手工冷弯法

（1）滚轮弯管器冷弯

这种弯管器的缺点是每种滚轮只能弯曲一种管径的管子，需要准备多套滚轮，且使用时笨重、费体力，只能弯曲管径小于 25 mm 的管子。

（2）小型液压弯管机弯管范围为管径 15～40 mm，适合施工现场安装采用。当以电动活塞泵代替人力驱动时，弯管管径可达 125 mm。

2. 机械冷弯法

钢管煨弯采用手工冷弯法工效较低，既费体力又难以保证质量，所以对管径大于 25 mm 的钢管一般采用机械弯管机。机械弯管的弯管分类有固定导轮弯管和转动导轮弯管。固定导轮弯管是导轮位置不变，管子套入夹圈内，由导轮和压紧导轮夹紧，随管子向前移动，导轮沿固定圆心转动，管子被弯曲。转动导轮弯管在弯曲过程中，导轮一边转动，一边向下移动。机械弯管机有无芯冷弯弯管机和有芯弯管机，按驱动方式，分为有电动机驱动的电动弯管机和上述液压泵驱动的液压弯管机等。

（三）管子连接常用机具

螺纹连接常用工具及填料如下：

1. 管钳

管钳的规格是以钳头张口中心到手柄尾端的长度来标称的，此长度代表转动力臂的大小。安装不同管径的管子应选用对应号数的管钳。若用大号管钳拧紧小管径的管子，虽因手柄长省力，容易拧紧，但也容易因用力过大拧得过紧而胀破管件；大直径的管子用小号管钳子，费力且不容易拧紧，而且易损坏管钳。不允许用管子套在管钳手柄上加大力臂，以免把钳颈拉断或钳颚被破坏。

链条式管钳又称链钳，是借助链条把管子箍紧而回转管子，它主要应用于大管径，或因场地限制，张开式钳管手柄旋转不开的场合。例如在地沟中操作、空中作业及管子离墙面较近的场合。

2. 填充材料

为了增加管子螺纹接口的严密性和维修时不致因螺纹锈蚀不易拆卸，螺纹处一般要加填充材料。填料既要能充填空隙又要能防腐蚀。热水采暖系统或冷水管道常用的螺纹连接填料有聚四氟乙烯胶带或麻丝沾白铅油（铅丹粉拌干性油）。介质温度超过 115 ℃的管路接口可沾黑铅油（石墨粉拌干性油）和石棉油。氧气管路用黄丹粉拌甘油（甘油有防火性能）；氨管路用氧化铝粉拌甘油。应注意的是，若管子螺纹套得过松，只能切去丝头重新套丝，而不能采取多加填充材料来防止渗漏，以保证接口长久严密。

四、常用通风空调工程加工方法和机具

金属风管及配件的加工工艺基本上可分为画线、剪切、折方和卷圆、连接（咬口、铆接、焊接）、法兰制作等工序。

（一）画线

画线的正确与否直接关系到风管尺寸大小和制作质量，所以划线时要角直、线平、等分准确；剪切线、倒角线、折方线、翻边线、留孔线、咬口线要画齐、画全；要合理安排用料，节约板材，经常校验尺寸，确保下料尺寸准确。

轮直线剪板机适用于剪切厚度不大于 2 mm 的直线和曲率不大的曲线板材。振动式曲线剪板机适用厚度不大于 2 mm 板材的曲线剪切，剪切时，可不必预先錾出小孔，就能直接在板材中间剪出内孔。曲线剪板机也能剪切直线，但效率较低。联合冲剪机既能冲孔又能剪切。它可切断角钢、槽钢、圆钢及钢板等，也可冲孔、开三角凹槽等，适用范围比较广泛。

板材剪切必须按画线形状进行裁剪；留足接口的余量（如咬口、翻边余量）；做到切口整齐、直线平直、曲线圆滑、倒角准确。

（二）折方和卷圆

折方用于矩形风管的直角成形。手工折方时，然后用硬木方尺进行修整，打出棱角，使表面平整；机械折方时，则可使用手动扳边折方机进行压制折方。

卷圆用于制作圆形风管时的板材卷圆。手工卷圆一般只能卷厚度在 1.0 mm 以内的钢板。机械卷圆则使用卷圆机进行。

（三）连接

金属板材的连接方式有咬口连接、铆钉连接和焊接。

1. 咬口连接

咬口连接是将要相互接合的两个板边折成能相互咬合的各种钩形，钩接后压紧折边。这种连接适用于厚度 $\delta \leqslant 1.2$ mm 的普通薄钢板和镀锌薄钢板、厚度 $\delta \leqslant 1.0$ mm的不锈钢板及厚度 $\delta \leqslant 1.5$ mm 的铝板。

咬口的加工主要是折边（打咬口）和咬口压实。折边应宽度一致、平直均匀，以保证咬口缝的严密及牢固；咬口压实时不能出现含半咬口和张裂等现象。

加工咬口可用手工或机械来完成。

（1）手工咬口。

木方尺（拍板）用硬木制成，用来拍打咬口。硬质木钟用来打紧打实咬口。钢制方钟用来制作圆风管的单立咬口和咬口修正矩形风管的角咬口。工作台上固定有槽钢、角钢或方钢，用来做拍制咬口的垫铁；做圆风管时，用钢管固定在工作台上做垫铁。手工咬口，工具简单，但工效低、噪声大，质量也不稳定。

（2）机械咬口。

咬口机一般适用于厚度为 1.2 mm 以内的折边咬口。如直边多轮咬口机，它是由电动机经皮带轮和齿轮减速，带动固定在机身上的槽形不同的滚轮转动，使板边的变形由浅到深，循序渐变，被加工成所需咬口形式。

机械咬口操作简便，成形平整光滑，生产效率高，无噪声，劳动强度小。

2. 铆钉连接

铆钉连接简称铆接，它是将两块要连接的板材板边相重叠，并用铆钉穿连铆合在一起的方法。

在通风空调工程中，一般由于板材较厚而无法进行咬接或板材虽不厚但材质较脆不能咬接时才采用铆接。随着焊接技术的发展，板材间的铆接已逐渐被焊接取代。但在设计要求采用铆接或镀锌钢板厚度超过咬口机械的加工性能时，仍须使用铆接。铆接除了个别地方用于板与板之间连接外，还大量用于风管与法兰的连接。

铆接可采用手工铆接和机械铆接。

（1）手工铆接。

手工铆接主要工序有画线定位、钻孔穿铆钉、垫铁打尾、罩模打尾成半圆形铆钉帽。这种方法工序较多，工效低，且捶打噪声大。

（2）机械铆接。

在通风空调工程中，常用的铆接机械有手提电动液压铆接机、电动拉铆枪及手动拉铆枪等。机械铆接穿孔、铆接一次完成，工效高，省力，操作简便，噪声小。

3. 焊接

（1）电焊。

电焊适用于厚度大于 1.2 mm 钢板间连接和厚度大于 1 mm 不锈钢板间连接。板材对接焊时，应留有 0.5~1 mm 对接缝；搭接焊时，应有 10 mm 左右搭接量。不锈钢焊接时，焊条的材质应与母材相同，并应防止焊渣飞溅玷污表面，焊后应进行清渣。

（2）气焊。

焊不适宜厚度小于 0.8 mm 钢板焊接，以防板材变形过大。对于厚度为 0.8~3 mm 钢板气焊，应先分点焊，然后再沿焊缝全长连续焊接。铝板焊接时，焊条材质应与母材相同，且应清除焊口处和焊丝上的氧化皮及污物，焊后应用热水去除焊缝表面的焊渣、焊药等。

（3）锡焊。

锡焊一般仅适用于厚度小于 1.2 mm 薄钢板连接。因焊接强度低、耐温低，一般锡焊用于镀锌钢板咬口连接的密封。

（4）氩弧焊。

氩弧焊常用于厚度大于 1 mm 不锈钢板间连接和厚度大于 1.5 mm 铝板间连接。氩弧焊因加热集中，热影响区域小，且有氩气保护焊缝金属，故焊缝有很高的强度和耐腐蚀性能。

第三节　常用水暖工程器具及设备

水泵的吸水方式有两种：一种是直接由配水管上吸水，适用于配水管供水量较大，水泵吸水时不影响管网的工作场所；另一种是由配水管上直接抽水，这种方法简便、经济、安全可靠。如不允许直接抽水时，可建造贮水池，池中贮备所需的水量，水泵从池中抽水加压后，送入供水管网，供建筑各部分用水。贮水池中存储生活用水和消防用水，供水可靠，对配水管网无影响，是一般常用的供水方法。

一、水箱

水箱水面通向大气，且高度不超过 2.5 m，箱壁承受压力不大，材料可用金属（如钢板）焊制，但须做防腐处理。有条件时可用不锈钢、铜及铝板焊制；非金属材料用塑料、玻璃钢及钢筋混凝土等，较耐腐蚀。水箱有圆形、方形和矩形，也可根据需要选用其他形状。圆形水箱结构合理、造价低，但占地较大，不方便；方矩、矩形较好，但结构复杂，消耗材料多，造价较高。目前常用玻璃钢制球形水箱。水箱应装设下列管道和设备：

（一）进水管

由水箱侧壁或顶部等处接入。当利用配水管网压力进水时，进水管出口装设浮球阀或液压控制阀两个，阀前应装有检修阀门；若水箱由水泵供水时，应利用水位升降制水泵运行。

（二）出水管

由箱侧或底部接出，位置应高出箱底 50 mm，保证出水水质良好。若生活与消防合用水箱时，必须确保消防贮备水量不做他用的技术措施。

（三）溢流管

防止箱水满溢用，可由箱侧或箱底接出，管径宜较进水管大 1～2 号，但在水箱底下 1 m 后，可缩减至与进水管径相同。溢水管上不得装设阀门，下端不准直接接入下水管，必须间接排放，排放设备的出口应有滤网、水封等设备，以防昆虫、灰尘进入水箱。

（四）泄水管

泄空或洗刷水箱排污用，由底部最低处接出，管上装有闸阀，可与溢流管相连，管径一般不小于 50 mm。

（五）通气管

水箱接连大气的管道，通气管接在水箱盖上，管口下弯并设有滤网，管径不小于 50 mm。

（六）其他设备

如指示箱内水位的水位计、维修的检修孔及信号管等。

用水时，罐内空气再将存水压入管网，供各用水点用水。其功能与水塔或高位水箱基本相似，罐的送水压力是压缩空气而不是位置高度，因此只要变更罐内空气压力即可。气压装置可设置在任何位置，如室内外、地下、地上或楼层中，应用较灵活、方便，具有建设快、投资省、供水水质好、消除水锤作用等优点。但罐容量小，调节水量小，罐内水压变化大，水泵启闭频繁，故耗电能多。

气压装置的类型很多，有立式、卧式、水气接触式及隔离式；按压力是否稳定，可分为变压式和定压式，变压式是最基本也是最常用的给水装置，广泛应用于用水压力无严格要求的建筑物中。

由于上述气压装置是水气合于一箱，空气容易被水带出，存气逐渐减少，因而需要时常补气，补气可用空压机或自动补气装置。为此可以采用水气隔离设备，如装设弹性隔膜、气囊等，气量保持不变，可免除补气的麻烦，这种装置称隔膜式或囊式气压装置。

二、排水系统卫生器具

排水系统卫生器具按其功能分为两类：排泄污水、污物的卫生器具包括大便器、小便器、倒便器、漱口盆等；盥洗、沐浴用卫生器具包括洗脸盆、净身器、洗脚盆（槽）、盥洗槽、浴盆、淋浴器等。

（一）排泄污水、污物的卫生器具

1. 大便器

（1）坐式大便器。

有冲洗式和虹吸式两种，其构造本身包括存水弯。

（2）蹲式大便器。

蹲式大便器常安装在公共厕所或卫生间内。大便器须装设在台阶中。

2. 大便槽

大便槽是个狭长开口的槽，多用水磨石或瓷砖建造。使用大便槽卫生条件较差，但设备简单、造价低。我国目前常用于一般公共建筑（学校、工厂、车站等）或城镇公共厕所。大便槽的宽度一般为 200~250 mm，底宽 150 mm，起端深度 350~400 mm，槽底坡度不小于 0.015，槽的末端应设有不小于 150 mm 的存水弯接入排水管。

3. 小便器

小便器有挂式、立式和小便槽三种。

挂式小便器悬挂在墙上，它可以采用自动冲洗水箱，也可采用冲洗阀，每只小便器均设存水弯。

立式小便器装置在标准较高的公共建筑内，如展览馆、大剧院、宾馆等男厕所内，多为两个以上成组安装。其冲洗设备常用自动冲洗水箱。

小便槽建造简单、造价低，能同时容纳较多的人员使用，故广泛应用于公共建筑、工厂、学校和集体宿舍的男厕所中。小便槽宽 300~400 mm，起端槽深不小于 100 mm，槽底坡度不小于 0.01。小便槽可用普通阀门控制多孔管冲洗或用自动冲洗水箱定时冲洗。

（二）盥洗、沐浴用卫生器具

1. 盥洗槽

盥洗槽一般有长条形（单面或双面）和圆形，常用钢筋混凝土或水磨石建造，槽宽 500~600 mm，槽沿离地面 800 mm，水龙头布置在离槽沿 200 mm 高处。

2. 浴盆

浴盆设在住宅、宾馆、医院等卫生间及公共浴室内，有长方形和方形两种。其可用搪瓷、生铁、玻璃钢等材料制成。

3. 淋浴器

淋浴器与浴盆比较，具有占地面积小、造价低和卫生等优点，故广泛应用在集体宿舍、体育馆场、公共浴室中。

4. 净身器

净身器专供妇女洗濯下身之用，一般设在妇产科医院、工厂女卫生间及设备完善的住宅和宾馆卫生间内。

（三）专用卫生器具

1. 饮水器

在火车站、剧院、体育馆等公共场所常装设饮水器。

2. 地漏

地漏用来排除地面积水，一般卫生间、厨房、浴室、洗衣房、男厕所等地应设置地漏。

三、热水系统加热设备

（一）直接加热

直接加热是利用燃料直接烧锅炉将水加热或利用清洁的热媒（如蒸汽与被加热水混合）加热水，具有加热方法直接简便、热效率高的特点。但要设置热水锅炉或其他水加热器，占有一定的建筑面积，有条件时宜用自动控制水的加热设备。

（二）间接加热

间接加热是被加热水不与热媒直接接触，而是通过加热器中的传热面的传热作用来加热水，如用蒸汽或热网水等来加热水，热媒放热后，温度降低，仍可回流到原锅炉房复用。因此热媒不需要大量补充水，既可节省用水，又可保护锅炉不生水垢，提高热效能。间接加热法使用的热源，一般为蒸汽或过热水，如当地有废热或地热水时，应先考虑作为热源的可能性。

（三）常用加热器

1. 热水锅炉

热水锅炉有多种形式，有卧式、立式等，燃料有烧煤、油及燃气等，如有需要，可查有关锅炉设备手册。近年来生产的一种新型燃油或燃气的热水锅炉，采用三回程的火道，可充分利用热能，热效率很高，且具有结构紧凑、占地小、炉内压力低、运行安全可靠、供应热水量较大、环境污染小的优点，是一种较好的直接加热的热水锅炉。

2. 汽水混合加热器

将清洁的蒸汽通过喷射器喷入贮水箱的冷水中，使水汽充分混合而加热水，蒸汽在水中凝结成热水，热效率高，设备简单、紧凑，造价较低，但喷射器有噪声，须设法隔除。

3. 家用型热水器

在无集中热水供应系统的居住建筑中，可以设置家用热水器来供应洗浴热水。现市售的有燃气热水器及电力热水器等，燃气热水器已被广泛应用，但在通气不良的情况下，容易发生使用者中毒或窒息的危险，因此禁止将其装设在浴室、卫生间等处，必须设置在通风良好的处所。

4. 太阳能热水器

太阳能是一个清洁、安全、普遍、可再生的巨大能源。利用太阳能加热水是一种简单、经济的方法，常用的有管板式、真空管式等加热器，其中以真空管式效果最佳。真空管是两层玻璃抽成真空，管内涂选择性吸热层，有集热效高、热损失小、不受太阳位置影响、集热时间长等优点。但太阳能是一种低密度、间歇性能源，辐射能随昼夜、气象、季节和地区而变，因此在寒冷季节，尚须备有其他热水设备，以保证终年均有热水供应。我国广大地区太阳能资源丰富，尤以西北部、青藏高原、华北及内蒙古地区最为丰富，可为太阳灶、热水器、热水暖房等提供热能。

5. 容积式加热器

器内装有一组加热盘管，热媒由封头上部通入盘管内，冷水由加热器下进入，经热交换后，被加热水由加热器上部流出，热媒散热后凝水由封头下部流回锅炉房。容积式加热器供水安全可靠，但有热效率低、体积大、占地面积大的缺点。现阶段经过改进，在器内增设导流板，加装循环设备，提高了热交换效能，较传统的同型加热器的热效提高近两倍。热媒可用热网水或蒸汽，节能、节电、节水效果显著，已列入国家专利产品。

6. 半容积式加热器

半容积式加热器是近年来生产的一种新型加热器，其构造主要特点是将一组快速加热设备安装于热水罐内，由于加热面积大，水流速度较容积式加热器的流速大，提高了传热效果，增大了热水产量，因而减小了容积。半容积式加热器体积缩小，节省占地面积，运行维护工作方便，安全可靠。经使用后，效果相比原标准容积式加热器的效能大大提高，是一种较好的热水加热设备。

7. 快速热水器

这种加热器也称为快速式加热器，即热即用，没有贮存热水容积，体积小，加热面积较大，被加热水的流速较容积式加热器的流速大，提高了传热效率，因而加快热水产量。此种加热器适用于热水用水量大而均匀的建筑物。由于利用不同的热媒，可分为以热水为热媒的水–水快速加热器及以蒸汽为热媒的汽–水快速加热器。加热器由不同的筒壳组成，筒内装设一组加热小管，管内通入被加热水，管筒间通过热媒，两种流体逆向流动，水流速度较高，提高热交换效率，加速热水。可根据热水用量及使用情况，选用不同型号及组合节筒数，满足热水用量要求。

还可利用蒸汽为热媒的汽–水快速加热器，器内装设多根小径传热管，管两端镶入管板上，器的始末端装有小室，起端小室分上下部分，冷水由始端小室下部进入器内，通过小管时被加热，至末端再转入上部小管继续加热，被加热水由始端小室上部流出，供应使用。蒸汽由器上部进入，与器内小管中流行的冷水进行热交换，蒸汽散热成为凝结水，由器下部排出。其作用原理与水–水快速加热器基本相同，也适用于用水较均匀且有蒸汽供应的大型用水户，如公共建筑、饭店、工业企业等。

8. 半即热式热水加热器

此种加热器也属于有限量贮水的加热器，其贮水量很小，加热面大、热水效高、体积极小。它由有上下盖的加热水筒壳、热媒管及回水管多组加热盘管和极精密的温度控制器等组成，冷水由筒底部进入，被盘管加热后，从筒上部流入热水管网供应热水，热媒蒸汽放热后，凝结水由回水管流回锅炉房。热水温度以独特的精密温度控制器来调节，保证出水温度要求。盘管为薄壁铜管制成，且为悬臂浮动装置。由于器内冷热水温度变化，盘管随之伸缩，扰动水流，提高换热效率，还能使管外积垢脱落，沉积于器底，可在加热器排污时除去。此种半即热式加热器，热效率高、体形紧凑，占地面积很小，是一种较好的加热设备。适用于热水用量大而较均匀的建筑物，如宾馆、医院、饭店、工厂、船艇及大型的民用建筑等。

四、供暖系统散热设备

常用的散热器主要有铸铁散热器和钢制散热器。

（一）柱形散热器

柱形散热器是呈柱状的单片散热器，外表光滑，无肋片，每片各有几个中空的立柱相互连通。并可借正反螺钉把若干单片组合在一起，形成一组。

我国常用的柱形散热器有四柱、五柱和二柱 M–132。前两种的高度有700 mm、760 mm、800 mm 及 813 mm，有带脚与不带脚片型，用于落地或挂墙安装。二柱 M–132 型散热器的宽度为 132 mm，两边为柱状，中间有波浪形的纵向肋片，是不带脚片型，用于挂墙安装。柱形散热器传热系数高，外形美观，易清扫，容易组对成需要的散热面积，主要缺点是制造工艺复杂、劳动强度大。

（二）铸铁类型的散热器

划分成翼形与柱形两种类型。其中，前者又划分成圆翼形与长翼形。其中，长翼形的外壳带有翼片和穿孔，主要目的在于让热媒能够顺利地进出，同时，能够在正反螺钉的作用下组合单个散热器。外表有很多平行和竖向的肋片，在外壳中则是盒状空间。

散热器是室内采暖系统的散热设备，热媒通过它向室内传递热量，散热器的种类很多，不同的散热器有不同的安装方法，现介绍较为常见的铸铁式散热器的安装。

对比柱形和翼形两种散热器，其传热性能非常好，同时，产生比较好的外形，在表面上非常光滑，容易清洗，一般应用在居住等多种民用的建筑中，劣势在于需要比较复杂的制造工艺和造价。

（三）钢制散热器的分析

闭式钢串的片散热器是由钢管、肋片、联箱、放气阀共同组成的，在散热器中的钢串片厚度一般为 0.5 mm。对闭式钢串的片散热器来说，具有很大的优势，即较小的体积、比较轻的重量、较高的承压，所占据的面积也非常小；其缺点在于阻力非常大，难以进行灰尘的清理。板式散热器由面板和背板组成，这一类型的散热器具有较好的外形和散热效果，同时，在使用中能够节省很多材料，所需要的面积也非常小，然而不具备较高的承压能力。因为钢制散热器容易腐蚀，同时在使用过程中实践时间比较短，所以很难在蒸汽供暖的系统中运用，不能在大湿度的供暖房间中运用。

除了上述钢制及铸铁制散热器外，还有铜铝复合、柱翼形、钢柱等其他材料所制的散热器。对供暖系统进行设计的过程中，需要按照散热器热工和经济等因素，对散热器进行选择。

第六章　供暖通风工程施工安装工艺

供暖通风系统的施工安装是建筑工程项目中不可或缺的一部分，它直接关系到建筑物内部的环境质量和能源利用效率。随着技术的发展和对节能减排要求的不断提高，供暖通风系统的施工安装工艺也面临着新的挑战。本章将重点介绍供暖通风工程施工安装的基本工艺流程，旨在为相关技术人员提供一份实用的操作指南，帮助他们更好地完成供暖通风系统的安装任务。

第一节　供暖工程施工安装工艺

供暖工程施工安装工作可分为室内供暖系统施工安装与室外热力管道的施工安装，本节主要介绍室内供暖系统施工的安装工艺。

室内供暖系统是指建筑物内部的供暖设施，它包括供热管路和附属器具、散热设备及试压调试等。供暖的目的是在冬季保持室内一定的温度，为人们提供正常的生活和工作环境。安装供暖系统时除了要实现设计者意图外，还要便于运行管理及维修，在保证施工质量的同时还要尽量节约原材料和人工消耗。施工前应熟悉图纸，做好图纸会审，编制人工、材料及施工机具进场计划，同时，施工现场及水源、电源等临时设施应满足施工要求。

一、供暖管道及附属器具的安装

供热管道及附属器具的安装，即按照施工图样、施工验收规范和质量检验评定标准的要求，将散热器安装就位与管道连接，组成满足生活和生产要求的采暖供热系统。同时为了使室内供暖系统运行正常，调节、管理方便，还必须设置一些附属器具，从而使供热系统运行更为可靠。

（一）工艺流程

预制加工→支吊架安装→套管安装→干管安装→立管安装→支管安装→附属

器具安装。

（二）安装工艺

1. 预制加工

根据施工方案及施工草图将管道、管件及支吊架等进行预制加工，加工好的成品应编号分类码放，以便使用。

2. 支吊架安装

采暖管道安装应按设计或规范规定设置支吊架，特别是活动支架、固定支架。安装吊架、托架时要根据设计图纸先放线，定位后再把预制的吊杆按坡向、顺序依次放在型钢上。要保证安装的支吊架准确和牢固。

3. 套管安装

（1）管道穿过墙壁和楼板时应设置套管，穿外墙时要加防水套管。套管内壁应做防腐处理，套管管径比穿管大两号。穿墙套管两端与装饰面相平。安装在楼板内的套管，其顶部应高出装饰地面 20 mm，安装在卫生间、厨房间内的套管，其顶部应高出装饰面 50 mm，底部应与楼板地面相平。

（2）穿过楼板的套管与管道之间缝隙应用阻燃密实材料和防水油膏填实，且端面光滑。穿墙套管与管道之间应用阻燃密实材料填实。

（3）套管应埋设平直，管接口不得设在套管内，出地面高度应保持一致。

4. 干管安装

（1）干管一般从进户或分路点开始安装，管径大于或等于 32 mm 采用焊接或法兰连接，小于 32 mm 采用丝接。

（2）安装前应对管道进行清理、除锈，焊口、丝接头等应清理干净。

（3）立干管分支宜用方形补偿器连接。

（4）集气罐不得装在门厅和吊顶内。集气罐的进出水口应开在偏下约罐高的 1/3 处，进水管不能小于管径 DN20。集气罐排气管应固定牢固，排气管应引至附近厨房、卫生间的水池或地漏处，管口距池地面不大于 50 mm；排气管上的阀门安装高度不得低于 2.2 m。

（5）管道最高点应装排气装置，最低点装泄水装置；应在自动排气阀前面装手动控制阀，以便自动排气阀失灵时检修更换。

（6）系统中设有伸缩器时，安装前应做预拉伸试验，并填记录表。安装型号、规格、位置应符合设计要求。

（7）穿过伸缩缝、沉降缝及抗震缝应根据情况采取以下措施：

①在墙体两侧采取柔性连接。

②在管道或保温层外皮上、下部留有不小于 150 mm 的净空距。

③在穿墙处做成方形补偿器，水平安装。

（8）热水、蒸汽系统管道的不同做法如下：

①蒸汽系统水平安装的管道要有坡度，当坡度与蒸汽流动方向一致时，坡度为 0.3%，当坡度与蒸汽流动方向相反时，坡度为 0.5%～1%。干管的翻身处及末端应设置疏水器。

②蒸汽、热水干管的变径。蒸汽供汽管应为下平安装，蒸汽回水管的变径为同心安装，热水管应为上平安装。

③管径大于或等于 DN65 mm 时，支管距变径管焊口的长度为 300 mm；小于 DN65 mm 时，长度为 200 mm。

④变径两管径差较小时采用甩管制作，两管径差较大时，变径管长度应为（D-d）×4～6。变径管及支管做法见有关通用图集。

（9）管道安装完，检查坐标、标高、预留口位置和管道变径是否正确，然后调直、找坡，调整合格后再固定卡架，填堵管井洞。管道预留口加临时封堵。

5. 立管安装

（1）如后装套管时，应先把套管套在管上，然后把立管按顺序逐根安装，涂铅油缠麻将立管对准接口转动入口，咬住管件拧管，松紧要适度。对准预装调直时的标记，并认真检查甩口标高、方向、灯叉弯、元宝弯位置是否准确。

（2）将立管卡松开，把管道放入卡内，紧固螺栓，用线坠吊直找正后把立管卡固定好，每层立管安装完后，清理干净管道和接口并及时封堵甩口。

6. 支管安装

（1）首先检查散热器安装位置，进出口与立管甩口是否一致，坡度是否正确，然后准确量出支管（含灯叉弯、元宝弯）的尺寸，进行支管加工。

（2）支管安装必须满足坡度要求，支管长度超过 1.5 m 和两个以上转弯时应加支架。立、支管管径小于 DN20 mm 时应使用煨制弯。变径应使用变径管箍或焊接大小头。

（3）支管安装完毕应及时检查校对支管坡度、距墙尺寸。初装修厨、卫间立\支管要留出距装饰面的余量。

7. 附属器具安装

（1）方形补偿器。

①安装前应检查补偿器是否符合设计要求，补偿器的三个臂是否在水平面上，安装时用水平尺检查，调整支架，保证位置正确、坡度符合规定。

②补偿器预拉可用千斤顶将补偿器的两臂撑开或用拉管器进行冷拉。预拉伸的焊口应选在距补偿器弯曲起点 2~2.5 m 处为宜，冷拉前将固定支座固定牢固，并对好预拉焊口的间距。

③采用拉管器冷拉时，其操作方法是将拉管器的法兰管卡紧紧卡在被拉焊口的两端，一端为补偿器管段，另一端是管道端口。而穿在两个法兰管卡之间的几个双头长螺栓，用于调整及拉紧，将预拉间隙对好，并用短角钢在管口处贴焊，但只能焊在管道的一端，另一端用角钢卡住即可。然后拧紧螺栓使间隙靠拢，将焊口焊好后才可松开螺栓，再进行另一侧的拉伸，也可两侧同时冷拉作业。

④采用千斤顶顶撑时，将千斤顶横放在补偿器的两臂间，加好支撑及垫块，然后启动千斤顶，这时两臂即被撑开，使预拉焊口靠拢至要求的间隙，焊口找正，对平管口用电焊将此焊口焊好。只有当两侧预拉焊口焊完后，才能把千斤顶拆除，拉伸完成。

⑤补偿器宜用整根管弯制。如需要接口，其焊口位置应设在垂直臂的中间。方形补偿器预拉长度应按设计要求拉伸，无要求时为其伸长量的 1/2。

（2）套筒补偿器。

①安装管道时应将补偿器的位置让出，在管道两端各焊一片法兰盘，焊接时，法兰要垂直干管道中心线，法兰与补偿器表面相互平行，衬垫平整，受力均匀。

②套筒补偿器应安装在固定支架近旁，并将外套管一端朝向管道的固定支架，内套管一端与产生热膨胀的管道相连。

③套筒补偿器的填料应采用涂有石墨粉的石棉盘根或浸过机油的石棉绳，压盖的松紧程度在试运行时进行调整，以不漏水、不漏气、内套管能伸缩自如

为宜。

④为保证补偿器正常工作，安装时，必须保证管道和补偿器中心线一致，并在补偿器前设置1~2个导向滑动支架。

⑤套筒补偿器的拉伸长度应按设计要求，预拉时，先将补偿器的填料压盖松开，将内套管拉出预拉伸长度，然后再将压盖紧住。

（3）波形补偿器。

①波形补偿器的波节数量由设计确定，一般为1~4节，每个波节的补偿能力由设计确定。

②安装前应了解出厂前是否已做预拉伸，如已做预拉伸，厂商须提供拉伸资料及产品合格证。当未做预拉伸时应在现场补做，由技术人员根据设计要求确定，在平地上进行，作用力应分2~3次逐渐增加，尽量保证各波节圆周面受力均匀。拉伸或压缩量的偏差应小于5 mm，当拉伸压缩达到要求数值时，应立即固定。

③安装前，管道两侧应先安装好固定卡架，安装管道时应将补偿器的位置让出，在管道两端各焊一法兰盘，焊接时，法兰盘应垂直干管道的中心线，法兰与补偿器表面相互平行，加垫后，衬垫受力应均匀。

④补偿器安装时，卡架不得固定在波节上，试压时不得超压，不允许径向受力，将其固定牢并与管道保持同心，不得偏斜。

⑤波形补偿器如须加大壁厚，内套筒的一端与波形补偿器的臂焊接。安装时，应注意使介质的流向从焊端流向自由端，并与管道的坡度方向一致。

（4）减压阀。

①减压阀安装时，减压阀前的管径应与阀体的直径一致，减压阀后的管径可比阀前管径大1~2号。

②减压阀的阀体必须垂直安装在水平管路上，阀体上的箭头必须与介质流向一致。减压阀两侧应采用法兰阀门。

③减压阀前应装有过滤器，对于带有均压管的薄膜式减压阀，其均压管接到低压管道的一侧。

④为便于减压阀的调整，阀前的高压管道和阀后的低压管道上都应安装压力表。阀后低压管道上应安装安全阀，安全阀排气管应接至室外安全地点，其截面

不应小于安全阀出口的截面积。安全阀定压值按照设计要求。

（5）疏水器。

①疏水器应安装在便于检修的地方，并应尽量靠近用热设备凝结水排出口下，且安装在排水管的最低点。

②疏水器安装应按设计设置旁通管、冲洗管、检查管、止回阀和除污器。用汽设备应分别安装疏水器，几台设备不能合用一个疏水器。

③疏水器的进出口要保持水平，不可倾斜，阀体箭头应与排水方向一致，疏水器的排水管径不能小于进水口管径。

④疏水器旁通管做法见相关通用图集。

（6）除污器。

除污器一般设在用户引入口和循环泵进水口处，方向不能装反。

（7）膨胀水箱。

①膨胀水箱有方形和圆形，应设在供暖系统最高点，如设在非采暖房间内，则 x 须进行保温。

②膨胀水箱的膨胀管和循环管一般连接在循环水泵前的回水总管上，循环管、膨胀管不得装设阀门。

二、散热器安装

（一）工艺流程

散热器组对→散热器试压→吊支架安装→散热器安装。

（二）安装工艺

1. 散热器组对

用钢丝刷对散热器进行除污，刷净口表面及对丝内外的铁锈。散热器 14 片以下用 2 个足片，15~24 片用 3 个足片，组对时摆好第一片，拧上对丝一扣，套上耐热橡胶垫，将第二片反扣对准对丝，找正后扶住炉片，将对丝钥匙插入对丝内径，同时缓慢均匀拧紧。

（1）根据散热器的片数和长度，选择圆钢直径和加工尺寸，切断后进行调直，两端收头套好丝扣，除锈后刷好防锈漆。

（2）20 片及以上的散热器须加外拉条，从散热器上下两端外柱内穿入 4 根拉条，每根套上 1 个骑码，戴上螺母，找直、找正后用扳手均匀拧紧，丝扣外露不得超过 1 个螺母厚度为宜。

2. 散热器单组试压

（1）将散热器抬到试压台上，用管钳上好临时炉堵和补芯及放气门，连接试压泵。

（2）试压时打开进水阀门，向散热器内注水，同时打开放气门排净空气，待水满后关闭放气门。

（3）当设计无要求时，试验压力应为工作压力的 1.5 倍，不小于 0.6 MPa，关闭进水阀门，持续 2~3 min，观察每个接口，不渗不漏为合格。

（4）打开泄水阀门，拆掉临时堵头和补芯，泄净水后将散热器运到集中地点。

3. 支、托架安装

（1）柱形带腿散热器固定卡安装。15 片以下的双数片散热器的固定卡位置，是从地面到散热器总高的 3/4 处画水平线与散热器中心线交点画好印记，此后单数片向一侧错过半片厚度。16 片以上者应两个固定卡，高度仍为 3/4 的水平线上。从散热器两端各进去 4~6 片的地方栽入。

（2）挂装柱形散热器。托钩高度按设计要求并从散热器的距地高度上返 45 mm画水平线。托钩水平位置采用画线尺来确定，画线尺横担上刻有散热器的刻度。画出托钩安装位置的中心线，挂装散热器的固定卡高度从托钩中心上返散热器总高的 3/4 画水平线，其位置与安装数量与带腿片相同。

（3）当散热器挂在混凝土墙面上时，用錾子或冲击钻在墙上按画出的位置打孔洞。固定卡孔洞的深度不少于 80 mm，托钩孔洞的深度不少于 120 mm，现浇混凝土墙的深度为 100 mm（如用膨胀螺栓应按胀栓的要求深度）。用水冲净洞内杂物，填入 M20 水泥砂浆到洞深的 1/2 时，将固定卡插入洞内塞紧，用画线尺放在托钩上，并用水平尺找平找正，填满砂浆并捣实抹平。当散热器挂在轻质隔板墙上时，用冲击钻穿透隔板墙，内置不小于 φ12 的圆钢，两端固定预埋铁，支、托架稳固于预埋铁，固定牢固。

4. 散热器安装

（1）按照图纸要求，根据散热器安装位置及高度在墙上画出安装中心线。

（2）将柱形散热器（包括铸铁、钢制）和辐射对流散热器的炉堵和炉补芯抹油，加耐热橡胶垫后拧紧。

（3）把散热器轻轻抬起，带腿散热器立稳，找平找正，距墙尺寸准确后，将卡加上紧托牢。

（4）散热器与支管紧密牢固。

（5）放风门安装。在炉堵上钻孔攻丝，将炉堵抹好铅油，加好石棉橡胶垫，在散热器上用管钳上紧。在放风门丝扣上抹铅油、缠麻丝，拧在炉堵上，用扳手上到适度。放风孔应向外斜45°，并在系统试压前安装完。

三、试压和调试

（一）工艺流程

系统试压→系统冲洗→系统通热调试→系统验收。

（二）工艺要求

1. 系统试压

（1）系统试压前应进行全面检查，核对已安装好的管道、管件、阀门、紧固件、支架等质量是否符合设计要求及有关技术规范的规定，同时，检查附件是否齐全、螺栓是否紧固、焊接质量是否合格。

（2）系统试压前应将不宜和管道一起试压的阀门、配件等从管道上拆除。管道上的甩口应临时封堵。不宜连同管道一起试压的设备或高压系统与中低压系统之间应加装盲板隔离，盲板处应有标记，以便试压后拆除。系统内的阀门应开启，系统的最高点应设置不小于管径 DN15 的排气阀，最低点应设置不小于 DN25 的泄水阀。

（3）试压前应装两块经校验合格的压力表，并应有铅封。压力表的满刻度为被测压力最大值的 1.5~2 倍。压力表的精度等级不应低于 1.5 级，并安装在便于观察的位置。

（4）采暖系统安装完毕，管道保温前应进行水压试验。试验压力应符合设计要求，当设计未注明时，应符合下列规定：

①蒸汽、热水采暖系统，应以系统顶点工作压力加 0.1 MPa 做水压试验，同时在系统顶点的试验压力不小于 0.3 MPa。

②高温热水采暖系统，试验压力应为系统顶点工作压力加 0.4 MPa。

③使用塑料管及复合管的热水采暖系统，应以系统顶点工作压力加 0.2 MPa 做水压试验，同时在系统顶点的试验压力不小于 0.4 MPa。

（5）应先关闭系统最低点的泄水阀，打开各分路进水阀和系统最高点排气阀，接通水源，向系统内注水，边注水边排气，系统水满、空气排净后先关闭排气阀，然后接通电源，用电动试压泵或手动试压泵进行加压。系统加压应分阶段进行，第一次先加压到试验压力的 1/2，停泵对管道、设备、附件进行一次检查，没有异常情况再继续升压。一般分 2~3 次升到试验压力。当压力达到试验压力时保持规定时间和允许压力降，视为强度试验合格。然后把压力降至工作压力进行严密性试验。对管道进行全面检查，未发现渗漏等异常现象视为严密性试验合格。

2. 系统冲洗

（1）系统冲洗在试压后进行。

（2）管道吹（冲）洗应根据管道输送的介质不同而定，选择正确合理的吹洗方法。

①首先检查系统内阀件的关启状况是否符合要求。

②热水采暖系统一般可用洁净的水进行冲洗，如果管道分支较多，可分段进行冲洗。冲洗时应以系统内可能达到的最大压力和流量进行，流速不应小于 1.5 m/s，反复冲洗至排出水与进水水质基本相同为合格。

③蒸汽采暖系统采用蒸汽吹洗较好，也可采用压缩空气进行，吹洗时，除把疏水器卸掉以外，其他程序与热水系统冲洗相同。

3. 系统通热调试

系统吹（冲）洗工作完成后，接通热源即可通暖调试，如果热源及其他条件尚不具备时，可延期调试工作。调试内容及要求如下。

系统调试是对系统安装总体质量和供暖效果的最终检验，也是交工前必做的一项重要工作，其调试内容及要求有以下三项：

（1）系统压差调试，也称压力平衡调试。主要是调节、测定供回水的压力差，要求各环路的压力、流量、流速达到基本均衡一致。

（2）系统温差调试，也称温度平衡调试。主要调节、测定系统供回水的温差。要求供回水的温差不能大于 20 ℃，由于供暖面积、管路长短不同决定其温差的大小，故须进行很好的调节，使温差达到最佳状态一般为 15~20 ℃。

系统理想供水温度为 75~85 ℃，回水温度为 55~65 ℃。如果系统回水温度低于 55 ℃，房间温度就不能得到保证，要想得到良好的供暖效果，系统回水温度应保持在 55 ℃以上。

（3）房间温度调试，即各房间设计温度的调试。主要调节、测定各房间的实际温度，如居室设计温度 18±2 ℃，经调节后测定在此允许范围内，即可认为满足设计温度要求。房间温度调试完后应绘制房间测温平面图，整个系统调试完成后应填写系统调试记录。

采暖系统调试分为初调和试调两个阶段进行。

（1）初调。初调是为了保证各环路平衡运行的调节，通过调节各立、支管的阀门，使各环路上的阻力、流量达到平衡，观察立、支管及入口处的温差、压差是否正常。

（2）试调。系统的试运行调节根据室外气候条件的变化而改变，分别采用质调节、量调节和间歇调节。

4. 系统验收

系统试压、冲洗、调试完成后，应分别及时办理验收手续，为交工使用创造条件。

四、低温地板辐射供暖施工安装工艺

（一）工艺流程

低温热水地板辐射采暖系统安装工艺流程如图 6-1 所示：

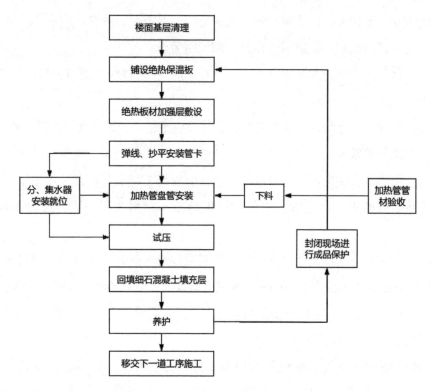

图 6-1 低温热水地板辐射采暖系统安装工艺流程

（二）安装工艺

1. 楼地面基层清理

凡采用地板辐射采暖的工程，在楼地面施工时，必须严格控制表面的平整度，仔细压抹，其平整度允许误差应符合混凝土或砂浆地面要求。在保温板铺设前应清除楼地面上的垃圾、浮灰、附着物，特别是油漆、涂料、油污等有机物必须清除干净。

2. 绝热板材铺设

（1）绝热板应清洁、无破损，在楼地面铺设平整、搭接严密。绝热板拼接紧凑间隙 10 mm，错缝敷设，板接缝处全部用胶带黏结，胶带宽度 40 mm。

（2）房间周围边墙、柱的交接处应设绝热板保温带，其高度要高于细石混凝土回填层。

（3）房间面积过大时，以 6000 mm×6000 mm 为方格留伸缩缝，缝宽 10 mm。

伸缩缝处用厚度 10 mm 绝热板立放，高度与细石混凝土层平齐。

3. 绝热板材加固层的施工（以低碳钢丝网为例）

（1）钢丝网规格为方格长边不大于 200 mm，在采暖房间满布，拼接处应绑扎连接。

（2）钢丝网在伸缩缝处应不能断开，铺设应平整，无锐刺及翘起的边角。

4. 加热盘管敷设

（1）加热盘管在钢丝网上面敷设，管长应根据工程上各回路长度酌情定尺，一个回路尽可能用一盘整管，应最大限度地减小材料损耗，填充层内不许有接头。

（2）加热管应按照设计图纸标定的管间距和走向敷设，加热管应保持平直，管间距的安装误差不应大于 10 mm。加热管敷设前，应对照施工图纸核定加热管的选型、管径、壁厚，并应检查加热管外观质量，管内部不得有杂质。加热管安装间断或完毕时，敞口处应随时封堵。

（3）安装时，将管的轴线位置用墨线弹在绝热板上，抄高程、设置管卡，按管的弯曲半径≥10D（D 指管外径）计算管的下料长度，其尺寸偏差控制在 ±5% 以内。必须用专用剪刀切割，管口应垂直于断面处的管轴线。严禁用电、气焊、手工锯等工具分割加热管。

（4）加热管应设固定装置。可采用下列方法之一固定：

①用固定卡将加热管直接固定在绝热板或设有复合面层的绝热板上。

②用扎带将加热管固定在铺设于绝热层上的网格上。

③直接卡在铺设于绝热层表面的专用管架或管卡上。

④直接固定于绝热层表面凸起间形成的凹槽内。

加热管弯头两端宜设固定卡；加热管固定点的间距，直管段固定点间距宜为 0.5~0.7 m，弯曲管段固定点间距宜为 0.2~0.3 m。按测出的轴线及高程垫好管卡，用尼龙扎带将加热管绑扎在绝热板加强层钢丝网上，或者用固定管卡将加热管直接固定在敷有复合面层的绝热板上。同一通路的加热管应保持水平，确保管顶平整度为 ±5 mm。

（5）加热管安装时应防止管道扭曲；弯曲管道时，圆弧的顶部应加以限制，并用管卡进行固定，不得出现"死折"；塑料及铝塑复合管的弯曲半径不宜小于

6 倍管外径，铜管的弯曲半径不宜小于 5 倍管外径；加热管固定点的间距，弯头处间距不大于 300 mm，直线段间距不大于 600 mm。

（6）在过门、伸缩缝与沉降缝时，应加装套管，套管长度 ≥ 150 mm。套管比盘管大 2 号，内填保温边角余料。

（7）加热管出地面至分水器、集水器连接处，弯管部分不宜露出地面装饰层。加热管出地面至分水器、集水器下部球阀接口之间的明装管段外部应加装塑料套管。套管应高出装饰面 150~200 mm。

（8）加热管与分水器、集水器连接，应采用卡套式、卡压式挤压夹紧连接；连接件材料宜为铜质；铜质连接件与 PP-R 或 PP-B 直接接触的表面必须镀镍。

（9）加热管的环路布置不宜穿越填充层内的伸缩缝。必须穿越时，伸缩缝处应设长度不小于 200 mm 的柔性套管。

（10）伸缩缝的设置应符合下列规定：

①在与内外墙、柱等垂直构件交接处应留不间断的伸缩缝，伸缩缝填充材料应采用搭接方式连接，搭接宽度不应小于 10 mm；伸缩缝填充材料与墙、柱应有可固定措施，距地面绝热层连接应紧密，伸缩缝宽度不宜小于 10 mm。伸缩缝填充材料宜采用高发泡聚乙烯泡沫塑料。

②当地面面积超过 30 m² 或边长超过 6 m 时，应按不大于 6 m 间距设置伸缩缝，伸缩缝宽度不应小于 8 mm。伸缩缝宜采用高发泡聚乙烯泡沫塑料或内满填弹性膨胀膏。

③伸缩缝应从绝热层的上边缘做到填充层的上边缘。

5. 分、集水器安装

（1）分、集水器可在加热管敷设前安装，也可在敷设管道回填细石混凝土后与阀门、水表一起安装。安装必须平直、牢固，在细石混凝土同填前安装须做水压试验。

（2）当水平安装时，一般宜将分水器安装在上，集水器安装在下，中心距宜为 200 mm，且集水器中心距地面不小于 300 mm。

（3）当垂直安装时，分、集水器下端距地面应不小于 150 mm。

（4）加热管始末端出地面至连接配件的管段，应设置在硬质套管内。加热管与分、集水器分路阀门的连接，应采用专用卡套式连接件或插接式连接件。

6. 填充层施工

（1）在加热管系统试压合格后方能进行细石混凝土层回填施工。细石混凝土层施工应遵循土建工程施工规定，优化配合比设计，选出强度符合要求、施工性能良好、体积收缩稳定性好的配合比。建议强度等级应不小于 C15，卵石粒径宜不大于 12 mm，并宜掺入适量防止龟裂的添加剂。

（2）敷设细石混凝土前，必须将敷设完管道后工作面上的杂物、灰渣清除干净（宜用小型空压机清理）。在过门、过沉降缝处、过分格缝部位宜嵌双玻璃条分格（玻璃条用 3 mm 玻璃裁划，比细石混凝土面低 1~2 mm），其安装方法同水磨石嵌条。

（3）细石混凝土在盘管加压（工作压力或试验压力不小于 0.4 MPa）状态下铺设，回填层凝固后方可泄压，填充时应轻轻捣固，铺设时不得在盘管上行走、踩踏，不得有尖锐物件损伤盘管和保温层，要防止盘管上浮，应小心下料、拍实、找平。

（4）细石混凝土接近初凝时，应在表面进行二次拍实、压抹，以防止顺管轴线出现塑性沉缩裂缝。表面压抹后应保湿养护 14 天以上。

7. 面层施工

（1）施工面层时，不得剔、凿、割、钻和钉填充层，不得向填充层内楔入任何物件。

（2）面层的施工，应在填充层达到要求强度后才能进行。

（3）石材、面砖在与内外墙、柱等垂直构件交接处，应留 10 mm 宽伸缩缝；木地板铺设时，应留宽度不小于 14 mm 的伸缩缝。

伸缩缝应从填充层的上边缘做到高出装饰层上表面 10~20 mm，装饰层敷设完毕后，应裁去多余部分。伸缩缝填充材料宜采用高发泡聚乙烯泡沫塑料。

（4）以木地板作为面层时，木材应经干燥处理，且应在填充层和找平层完全干燥后，才能进行地板施工。

（5）瓷砖、大理石、花岗石面层施工时，在伸缩缝处宜采用干贴。

8. 检验、调试和竣工验收

（1）检验。

①中间验收。地板辐射采暖系统，应根据工程施工特点进行中间验收。中间

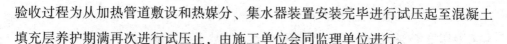

验收过程为从加热管道敷设和热媒分、集水器装置安装完毕进行试压起至混凝土填充层养护期满再次进行试压止，由施工单位会同监理单位进行。

②水压试验。浇捣混凝土填充层之前和混凝土填充层养护期满之后，应分别进行系统水压试验。水压试验应符合下列要求：

a. 水压试验之前，应对试压管道和构件采取安全有效的固定和养护措施。

b. 试验压力应为不小于系统静压加 0.3 MPa，但不得低于 0.6 MPa。

c. 冬季进行水压试验时，应采取可靠的防冻措施。

③水压试验步骤。水压试验应按下列步骤进行：

a. 经分水器缓慢注水，同时将管道内空气排出。

b. 充满水后，进行水密性检查。

c. 采用手动泵缓慢升压，升压时间不得少于 15 min。

d. 升压至规定试验压力后，停止加压 1 h，观察有无漏水现象。

e. 稳压 1 h 后，补压至规定试验压力值，15 min 内的压力降不超过 0.05 MPa，无渗漏为合格。

（2）调试。

①系统调试条件。供回水管全部水压试验完毕符合标准；管道上的阀门、过滤器、水表经检查确认安装的方向和位置均正确，阀门启闭灵活；水泵进出口压力表、温度计安装完毕。

②系统调试。热源引进到机房，通过恒温罐及采暖水泵向系统管网供水。调试阶段系统供热起始温度为常温 25～30 ℃运行 24 h，然后缓慢逐步提升，每 24 h 提升不超过 5 ℃，在 38 ℃恒定一段时间，随着室外温度不断降低再逐步升温，直至达到设计水温，并调节每一通路水温达到正常范围。

（3）竣工验收。符合以下规定方可通过竣工验收：

①竣工质量符合设计要求和施工验收规范的有关规定。

②填充层表面不应有明显裂缝。

③管道和构件无渗漏。

④阀门开启灵活、关闭严密。

五、热水管道及配件安装

热水管道布置的基本原则是在满足使用与便于维修管理的情况下使管线最

短。热水干管根据所选定的方式可以敷设在室内地沟、地下室顶部、建筑物最高层或专用设备技术层内。一般建筑物的热水管放置在预留沟槽、管道竖井内。明装管道尽可能布置在卫生间或非居住人的房间。

（一）工艺流程

准备工作→预制加工→支架安装→管道安装→配件安装→管道冲洗→防腐保温→综合调试。

（二）安装工艺

1. 准备工作

（1）复核预留孔洞、预埋件的尺寸、位置、标高。

（2）根据设计图纸画出管路分布的走向、管径、变径、甩口的坐标、高程、坡度坡向及支、吊架、卡件的位置，画出系统节点图。

2. 预制加工

（1）根据图纸和现场实际测量的管段尺寸，按草图计算管道长，在管段上画出所需的分段尺寸后，将管道垂直切断，处理管口，套丝上管件，调直。

（2）将预制加工好的管段编号，放到适当位置，待安装。

3. 支架安装

支、吊、托架的安装应符合下列规定：

（1）位置正确，埋设应平整、牢固。

（2）固定支架与管道接触应紧密，固定应牢靠。

（3）滑动支架应灵活，滑托与滑槽两侧间应留有3~5 mm宽的间隙，纵向移动量应符合设计要求。

（4）有热伸长管道的吊架、吊杆应向热膨胀的反方向偏移。

（5）固定在建筑结构上的管道支、吊架不得影响结构的安全。

4. 管道安装

按管道的材质可分为铜管安装、镀锌钢管安装和复合管安装。

（1）铜管连接可采用专用接头或焊接。当管径小于22 mm时，宜采用承插或套管焊接，承口应朝介质流向安装；当管径大于或等于22 mm时，应采用对口焊接。

①铜管应使用专用刀具切断，要求铜管的切割面必须与铜管中心线垂直，铜管端部、外表面与铜管管件相接的一段应清洁、无油污，方可焊接。

②铜管卡套连接应符合下列规定：

a. 管口断面应垂直平整，且应使用专用工具将其整圆或扩口。

b. 应使用活扳手或专用扳手，严禁使用管子钳旋紧螺母。

c. 连接部位宜采用二次装配，当一次完成时，螺母拧紧应从力矩激增点后再旋转 1~1.5 圈，使卡套刃口切入管子，但不可旋得过紧。

③铜管冷压连接应符合下列规定：

a. 应采用专用压接工具。

b. 管口断面应垂直、平整，且管口无毛刺。

c. 管材插入管件的过程中，密封圈不得扭曲变形。

d. 压接时，卡钳端面应与管件轴线垂直，达到规定卡压力后再延时 1~2s。

④铜管法兰式连接的垫片可采用耐温夹布橡胶板或铜垫片等；法兰连接应采用镀锌螺栓，对称旋紧。

⑤铜管钎焊连接应符合下列规定：

a. 钎焊强度小，一般焊口采用搭接形式。搭接长度为管壁厚度的 6~8 倍，管道的外径≤25 mm 时，搭接长度为管道外径的 1.2~1.5 倍。

b. 焊接前应对焊接处铜管外壁和管件内壁用细砂纸、钢毛刷或含其他磨料的布砂纸擦磨，去除表面氧化物。

c. 外径不大于 55 mm 的铜管钎焊时，选用氧-丙烷火焰焊接操作，大于 55 mm 的铜管允许用氧-乙炔火焰，焊接过程中，焊枪应根据管径大小选用得当，钎焊火焰应用中性火焰。

d. 均匀加热被焊管件，尽可能快速将母材加热，焊接时，不得出现过热现象，切勿将火焰直接加热钎料。尽可能不要加热焊环（一般加热钎料下部，毛细管作用产生的吸引力使熔化后的钎料往里渗透）。

e. 当钎料全部熔化即停止加热，焊料渗满焊缝后保持静止，自然冷却。由于钎料流动性好，若继续加热钎料会不断往里渗透，不容易形成饱满的焊角。必须特别注意，避免超过必要的温度，且加热时间不宜过长，以免使管件强度降低。

f. 铜管与铜管件装配间隙的大小直接影响钎焊质量和钎料的质量。为了保证通过毛细管作用钎料得以散布，在套接时，应调整铜管自由端和管件承口或插口处。当铜管件或铜管局部变形时，应进行必要的修正后再使用。

g. 铜管与铜合金管件或铜合金管件与铜合金管件间焊接时，应在铜合金管件焊接处使用助焊剂，并在焊接完成后，清除管道外壁的残余熔剂。

h. 管道安装时尽量避免倒立焊。

i. 钎焊结束后，用湿布擦拭连接部分。钎焊后的管件，必须在 8 h 内进行清洗，除去残留的熔剂和熔渣。常用煮沸的含 10%～15% 的明矾水溶液或含 10% 柠檬酸水溶液涂刷接头处，然后再用毛巾擦净。最后用流水冲洗管道，以免残余溶渣滴在管路内引起事故。

（2）镀锌钢管安装要求参见室内金属给水管道及配件安装。

（3）复合管安装要求参见低温热水地板辐射采暖系统安装。

（4）热水管道安装注意事项如下：

①管道的穿墙及楼板处均按要求加套管及固定支架。安装伸缩器前按规定做好预拉伸，待管道固定卡件安装完毕后，除去预拉伸的支撑物，调整好坡度，翻身处高点要有放风，低点有泄水装置。

②热水立管和装有三个或三个以上配水点的支管始端，以及阀门后面按水流方向均应设置可装拆的连接件。热水立管每层设管卡，距地面 1.5～1.8 m。

③热水支管安装前核定各用水器具热水预留口高度、位置。当冷、热水管或冷、热水龙头并行安装时，应符合下列规定：

a. 上下平行安装，热水管在冷水管上方安装。

b. 左右平行安装时，热水管在冷水管的左侧安装。

c. 在卫生器具上安装冷、热水龙头，热水龙头安装在左侧。

d. 冷、热水管上下、左右间距设计未做要求时，宜为 100～120 mm。

④热水横管坡度应大于 0.3%，坡向与水流方向相反，以便排气和泄水。在上分式系统配水干管的最高点应设排气装置（自动排气阀或集气罐、膨胀水箱），最低点应设泄水装置（泄水阀或丝堵）或利用最低处水龙头泄水。下分式系统回水立管应在最高配水点以下 0.5 m 处与配水立管连接，以防热气被循环水带走。为避免干管伸缩时对立管的影响，立管与水平干管连接时，立管应加弯管。

⑤热水管道应设固定支架或活动导向支架，固定支架间距应满足管段的热伸长量不大于伸缩器允许的补偿量。

⑥容积式热水加热器或贮水器上接出的热水供水管应从设备顶部接出。当热水供给系统为自然循环时，回水管一般在设备顶部以下 1/4 高度接入；机械循环时，回水管则从设备底部接入；热媒为热水时，进水管应在设备顶部以下 1/4 处接入，回水管应从设备底部接入。

⑦热水配水管、回水管、加热器、贮水器、热媒管道及阀门等应进行保温，保温之前应进行防腐处理，保温层外表面加保护层（壳），臂槽转弯处保温应做伸缩缝，缝内填柔性材料。

5. 配件安装

（1）阀门安装。

①热水管道的阀门种类、规格、型号必须符合规范及设计要求。

②对阀门进行强度和严密性试验，按批次抽查 10%，且不少于 1 个，合格才可安装。对于安装在主干管上起切断作用的阀门，应逐个做强度及严密性试验。

③阀门的强度试验，试验压力应为公称压力的 1.5 倍，阀体和填料处无渗漏为合格。严密性试验，试验压力为公称压力的 1.1 倍，阀芯密封面不漏为合格。

（2）安全阀安装。闭式热水供给系统中，热媒为蒸汽或大于 90 ℃的热水时，加热器除安装安全阀（宜用微启式弹簧安全阀）外，还应设膨胀罐或膨胀管。开式热水供给系统的加热器可不装安全阀。安全阀的开启压力一般为加热器处工作压力的 1.1 倍，但不得大于加热器的设计压力（一般有 0.59 MPa、0.98 MPa、1.57 MPa 三种规格）。

安全阀的直径应比计算值大一级，一般可取安全阀阀座内径比加热器热水出水管管径小一号。安全阀直立安装在加热器顶部，其排出口应用管将热水引至安全地点。在安全阀与设备间不得装吸水管、引气管或阀门。

①弹簧式安全阀要有提升手把和防止随便拧动调整螺钉的装置。

②检查其垂直度，当发现倾斜时，应进行校正。

③调校条件不同的安全阀，在热水管道投入试运行时，应及时进行调校。

④安全阀的最终调整宜在系统上进行，开启压力和回座压力应符合设计文件的规定。

⑤安全阀调整后，在工作压力下不得有泄漏。

⑥安全阀最终调整合格后，应做标志，重做铅封，并填写《安全阀调整试验记录》。

⑦膨胀管是一种吸收热水供给系统内热水升温膨胀量，防止设备和管网超压的简易装置，适用于设置膨胀水箱的系统。其引入管应从上接入，入口与水箱最高水位间应有 50~100 mm 的间隙。多台加热器宜分别设置各自的膨胀管，膨胀管上严禁设阀门，寒冷地区应采取保温措施。膨胀管管径选用：锅炉或加热器的传热面积为小于 10 m²、10~15 m²、15~20 m² 大于 20 m² 时，膨胀管最小管径分别为 25 mm、32 mm、40 mm、50 mm。

闭式热水供给系统中宜设膨胀水罐以吸收加热、贮热设备及管道内水升温时的膨胀量。膨胀罐可设在加热器和止回阀间的冷水进水管或热水回水管的分支管上。

（3）温度自动调节装置。主要有自动式、电动式和电磁式温度调节阀。安装前应将感温包放在热水中试验，且符合产品性能要求。调节阀安装时应加旁通管，旁通管及调节阀前后应加装阀门，调节阀前装截污器，以保证其正常运行。容积式加热器的感温包宜靠近加热盘管上部安装。

（4）管道伸缩补偿装置。金属管道随热水温度升高会伸长，而出现弯曲、位移、接头开裂等现象，因此，在较长的直线热水管路上，每隔一定距离须设伸缩器。常用伸缩器主要有 L 或 Z 形自然补偿器、N 形伸缩器、套管伸缩器、波纹管伸缩器等。

（5）疏水器。用蒸汽做热媒间接加热的加热器凝结水用水管上应装设疏水器，凝结水出水温度不大于 80 ℃ 的可不装设。蒸汽管向下凹处的下部、蒸汽主管底部也应设疏水器，以及时排除管中的凝结水。疏水器前应设过滤器，但一般不设旁通阀。当疏水器后有背压、凝结水管抬高或不同压力的凝结水接在一根母管上时，疏水器后应设止回阀。

（6）排气装置。闭式上行下给热水供给系统中可装自动排气阀，在下行上给式系统中可利用立管上最高处水龙头排气。

（7）仪表。温度计的刻度范围应为工作温度范围的两倍。压力表的精度不应低于 2.5 级，表盘直径不小于 100 mm，刻度极限值宜为工作压力的两倍。冷水供水管上装冷水表，热水供水管或供水点上装热水表。

6. 管道试压

热水管道试压一般分为分段试压和系统试压两种。

（1）管网注水点应设在管段的最低处，由低向高将各个用水管末端封堵，关闭入口总阀门和所有泄水阀门及低处泄水阀门，打开各分路及主管阀门，水压试验时不连接配水器具。注水时打开系统排气阀，排净空气后将其关闭。

（2）充满水后进行加压，升压采用电动打压泵，升压时间不应小于 10 min，也不应大于 15 min。当设计未注明时，热水供应系统水压试验，其压力应为系统顶点的工作压力加 0.1 MPa，同时在系统顶点的试验压力不小于 0.3 MPa。

（3）当压力升到设计规定试验值时停止加压，进行检查，持续观测 10 min，观察其压力下降不大于 0.02 MPa，然后将压力降至工作压力检查，压力应不降，且不渗不漏即为合格。检查全部系统，如有漏水则在该处做好标记，进行修理，修好后再充满水进行试压，试压合格后由有关人员验收签认，办理相关手续。

（4）水压试验合格后把水泄净，管道做好防腐保温处理，再进行下道工序。

7. 管道冲洗

热水管道在系统运行前必须进行冲洗。热水管道试压完成后即可进行冲洗，冲洗应用自来水连续进行，要求以系统最大设计流量或不小于 1.5 m/s 的流速进行冲洗，直到出水口的水色和透明度与进水目测一致为合格。

8. 管道防腐和保温

参照室外供热管道防腐及保温。

9. 综合调试

（1）检查热水系统阀门是否全部打开。

（2）开启热水系统的加压设备向各个配水点送水，将管端与配水件接通，并以管网的设计工作压力供水，将配水件分批开启，各配水点的出水应通畅；高点放气阀反复开闭几次，将系统中的空气排净。检查热水系统全部管道及阀件有无渗漏、热水管道的保温质量等，若有问题应先查明原因，解决后再按照上述程序运行。

（3）开启系统各个配水点，检查通水情况，记录热水系统的供回水温度及压差，待系统正常运行后，做好系统试运行记录，办理交工验收手续。

第二节　通风空调工程施工安装工艺

一、风管道及部、配件的制作安装

通风和空调系统的施工安装过程，基本可分为制作和安装两大步骤。

制作是指构成整个系统的风管及部、配件的制作过程，也就是从原材料到成品、半成品的成形过程。

安装是把组成系统的所有构件，包括风管、部、配件，设备和器具等，按设计在建筑物中组合连接成系统的过程。

制作和安装可以在施工现场联合进行，全部由现场的工人小组来承担。这种形式适用于机械化程度不高的地区及规模较小的工程中，多半是手工操作和使用一些小型轻便的施工机械。在工程规模大、安装要求高的情况下，采用制作和安装分工进行的方式。加工件在专门的加工厂或预制厂集中制作后运到施工地点，然后由现场的安装队来完成安装任务。这种组织形式要求安装企业有严密的技术管理组织和机械化程度比较高的后方基地，如加工厂、预制厂等。有时为了减少加工件、成品和半成品的运输量，避免运到施工现场后在装卸和大批堆放过程中造成变形、损坏，也可根据条件和需要在施工区域内设临时加工场。

（一）风管道制作安装

通风空调系统的风管，按风管的材质可分为金属风管和非金属风管。金属风管包括钢板风管（普通薄钢板风管、镀锌薄钢板风管）、不锈钢板风管、铝板风管、塑料复合钢板风管等。非金属风管包括硬聚氯乙烯板风管、玻璃钢风管、炉渣石膏板风管等。此外，还有由土建部门施工的砖、混凝土风道等。

1. 制作工艺流程

风管和配件广泛的制作方法是由平整的板材和型材加工而成。从平板到成品的加工，由于材质的不同、形状的异样而有各种要求。但从工艺过程来看，其基本工序可分为画线、下料、剪切、成形→折方和卷圆、连接→咬口和焊接、打孔、安装法兰、翻边、成品喷漆、检验出厂等步骤。

2. 安装工艺流程

准备工作→确定标高→支、托吊架的安装→风管连接→风管加固→风管强度、严密性及允许漏风量→风管保温。

3. 安装要求

（1）准备工作。应核实风管及送回风口等部件预埋件、预留孔的工作。安装前，由技术人员向班组人员进行技术交底，内容包括有关技术、标准和措施及相关的注意事项。

（2）标高的确定。认真检查风管在高程上有无交错重叠现象，土建在施工中有无变更，风管安装有无困难等，同时，对现场的高程进行实测，并绘制安装简图。

（3）支、托吊架的安装。风管一般是沿墙、楼板或靠柱子敷设的，支架的形式应根据风管安装的部位、风管截面大小及工程具体情况选择，并应符合设计图纸或国家标准图的要求。常用风管支架的形式有托架、吊架及立管夹。通风管道沿墙壁或柱子敷设时，经常采用托架来支撑风管。在砖墙上敷设时，应先按风管安装部位的轴线和标高，检查预留孔洞是否合适。如不合适，可补修或补打孔洞。孔洞合适后，按照风管系统所在的空间位置确定风管支、托架形式。

支、托吊架制作完毕后，应进行除锈，刷一遍防锈漆。风管的吊点应根据吊架的形式设置，有预埋件法、膨胀螺栓法、射钉枪法等。

1）预埋件法。分前期预埋与后期预埋。

①前期预埋。一般将预埋件按图纸坐标位置和支、托吊架间距，在土建绑扎钢筋时牢牢固定在墙、梁柱的结构钢筋上，然后浇灌混凝土。

②后期预埋。在砖墙上埋设支架，在楼板下埋设吊件，确定吊架位置，然后用冲击钻在楼板上钻一个孔洞，再在地面上凿一个 300 mm 长、20 mm 深的槽，将吊件嵌入槽中，用水泥砂浆将槽填平。

2）膨胀螺栓法。在楼板上用电锤打一个同膨胀螺栓的胀管外径一致的洞，将膨胀螺栓塞进孔中，并把胀管打入，使螺栓紧固。其特点是施工灵活、准确、快速，但选择膨胀螺栓时要考虑风管的规格、重量。

3）射钉枪法。用于周边小于 800 mm 的风管支管的安装，其特点同膨胀螺栓，使用时应特别注意安全，不同材质的墙体要选用不同的弹药量。

4）安装吊架。当风管敷设在楼板或桁架下面离墙较远时，一般采用吊架来安装风管。矩形风管的吊架由吊杆和横担组成。圆形风管的吊架由吊杆和抱箍组成。矩形风管的横担一般用角钢制成，风管较重时，也可用槽钢。横担上穿吊杆的螺栓孔距应比风管稍宽 40～50 mm。圆形风管的抱箍可按风管直径用扁钢制成。为便于安装，抱箍常做成两半。吊杆在不损坏原结构受力分布情况下，可采用电焊或螺栓固定在楼板、钢筋混凝土梁或钢架上，安装要求如下：

①按风管的中心线找出吊杆敷设位置，单吊杆在风管的中心线上，双吊杆可以按横担的螺孔间距或风管的中心线对称安装。

②吊杆根据其吊件形式可以焊在吊件上，也可以挂在吊件上。焊接后应涂防锈漆。

③立管管卡安装时，应从立管最高点管卡开始，并用线锤吊线，确定下面的管卡位置和进行安装固定。垂直风管可用立管夹进行固定。安装主管卡子时，应先在卡子半圆弧的中点画好线，然后按风管位置和埋进的深度，把最上面的一个卡子固定好，再用线锤在中点处吊线，下面夹子可按线进行固定，保证安装的风管比较垂直。

④当风管较长，需要安装很多支架时，可先把两端的支架安装好，然后以两端的支架为基准，用拉线法确定中间各支架的高程进行安装。

⑤支、吊架安装应注意的问题如下：

a. 采用吊架的风管，当管路较长时，应在适当的位置增设防止管道摆动的支架。

b. 支、吊架的高程必须正确，如圆形风管管径由大变小，以保证风管中心线的水平。

c. 支架型钢上表面高程应做相应提高。对于有坡度要求的风管，支架的高程也应按风管的坡度要求安装。

d. 支、吊架的预埋件或膨胀螺栓埋入部分不得涂油漆，并应除去油污。

e. 支、吊架不得安装在风口、阀门、检查孔处，以免妨碍操作。吊架不得直接吊在法兰上。

f. 圆形风管与支架接触的地方垫木块，否则会使风管变形。保温风管的垫块厚度应与保温层的厚度相同。

g. 矩形保温风管的支、吊装置宜放在保温层外部，但不得损坏保温层。

h. 矩形保温风管不能直接与支、吊托架接触，应垫上坚固的隔热材料，其厚度与保温层相同，防止产生"冷桥"。

i. 标高。矩形风管从管底算起；圆形风管从风管中心计算。当圆形风管的管径由大变小时，为保证风管中心线水平，托架的高程应按变径的尺寸相应提高。

j. 坡度。输送的空气湿度较大时，风管应保持设计要求的 1%～15% 的坡度，支架高程也应按风管的坡度安装。

k. 对于相同管径的支架，应等距离排列，但不能将其设在风口、风阀、检视门及测定孔等部位处，应适当错开一定距离。

l. 保温风管不能直接与支架接触，应垫上坚固的隔热材料，其厚度与保温层相同。

m. 用于不锈钢、铝板风管的托、吊架的抱箍，应按设计要求做好防腐绝缘处理。

（4）风管连接。

1）风管系统分类。风管系统按其系统的工作压力（总风管静压）范围划分为三个类别：低压系统、中压系统及高压系统。

2）风管法兰连接。

①法兰连接时，按设计要求确定垫料后，把两个法兰先对正，穿上几个螺栓并戴上螺母，暂时不要紧固。待所有螺栓都穿上后，再把螺栓拧紧。

②为避免螺栓滑扣，紧固螺栓时应按十字交叉、对称均匀地拧紧。连接好的风管，应以两端法兰为准，拉线检查风管连接是否平直。

③不锈钢风管法兰连接的螺栓，宜用同材质的不锈钢制成，如用普通碳素钢标准件，应按设计要求喷刷涂料。

④铝板风管法兰连接应采用镀锌螺栓，并在法兰两侧垫镀锌垫圈。

⑤硬聚氯乙烯风管和法兰连接，应采用镀锌螺栓或增强尼龙螺栓，螺栓与法兰接触处应加镀锌垫圈。

⑥矩形风管组合法兰连接由法兰组件和连接扁角钢组成。法兰组件采用 δ = 0.75～1.2 mm 的镀锌钢板，长度 L 可根据风管边长而定。

组装时，将 4 个扁角钢分别插入法兰组件的两端，组成一个方形法兰，再将风管从组件的开口边处插入，并用铆钉铆住，即组成管段。

安装时，风管管段之间的法兰对接，四角用 4 个 M12 螺栓紧固，法兰间贴一层闭孔海绵橡胶做垫料，厚度为 3~5 mm，宽度为 20 mm。

3) 风管无法兰连接。其连接形式有承插连接、芯管连接及抱箍连接。

方向把小口插入大口，外面用钢板抱箍，将两个管端的鼓箍拧紧连接，用螺栓穿在耳环中固定拧紧。钢板抱箍应先根据连接管的直径加工成一个整体圆环，轧制好鼓筋后再割成两半，最后焊上耳环。

插接式无法兰连接。主要加工中间连接短管，短管两端分别插入两侧管端，再用自攻螺栓或拉拔铆钉将其紧密固定。还有一种是把内接管加工有凹槽，内嵌胶垫圈，风管插入时与内壁挤紧。为保证管件连接严密，可在接口处用密封胶带封上，或涂以密封胶进行封闭。

4) 矩形风管无法兰连接。其连接形式有插条连接、立咬口连接及薄钢材法兰弹簧夹连接。插条连接适用于矩形风管之间的连接。

插条连接法须注意下列四个问题：

①插条宽窄要一致，应采用机具加工。

②插条连接适用于风管内风速为 10 m/s、风压为 500Pa 以内的低速系统。

③接缝处极不严密的地方，应使用密封胶带粘贴。

④插条连接法使用在不常拆卸的风管系统中较好。

5) 圆风管软管连接。主要用于风管与部件（如散流器、静压箱、侧送风口等）的连接。这种软管是用螺旋状玻璃丝束做骨架，外侧合以铝箔。有的软接管用铝箔、石棉布和防火塑料缝制而成。管件柔软弯曲自如，规格有 ϕ125~800 mm。大多用于风管与部件（如散流器、静压箱侧送风口等）的相接，安装时，软管两端套在连接的管外，然后用特制的尼龙软卡把软管箍紧在管端。这种连接方法适用于暗设部位，系统运行时阻力较大。

(5) 风管加固。圆形风管本身刚度较好，一般不需要加固。当管径大于 700 mm，且管段较长时，每隔 1.2 m，可用扁钢加固。矩形风管当边长大于或等于 630 mm、管段大于 1.2 m 时，均应采取加固措施。对边长小于或等于 800 mm 的风管，宜采用相应的方法加固。当中、高压风管的管段长大于 1.2 m 时，应采用加固框的形式加固，而对高压风管的单咬口缝应有加固、补强措施。

(6) 风管强度、严密性及允许漏风量。风管的强度及严密性应符合设计规定。

（二）风管部配件安装

在通风空调系统中，还有许多风管部、配件的安装及部、配件与风管的安装，大多采用法兰，其连接要求和所用垫料与风管接口相同。以下介绍常用部、配件工艺流程和安装工艺。

1. 工艺流程

风阀安装→防火阀安装→斜插板阀安装→风口安装→风帽安装→吸尘罩与排气罩安装→柔性短管安装。

2. 安装工艺

（1）风阀安装。通风与空调工程常用的阀门有插板阀（包括平插阀、斜插阀和密闭阀等）、蝶阀、多叶调节阀（平行式、对开式）、离心式通风机圆形瓣式启动阀、空气处理室中旁通阀、防火阀和止回阀等。

阀门产品或加工制作均应符合国家标准。阀门安装时应注意，制动装置动作应灵活，安装前如因运输、保管产生损伤要修复。

1）蝶阀。蝶阀是空调通风系统中常见的阀门，分为圆形、方形和矩形，按其调节方式有手柄式和拉链式。蝶阀由短管、阀门和调节装置组成。

2）对开多叶调节阀。对开式多叶调节阀分手动式和电动式，这种调节阀装有 2~8 个叶片，每个叶片长轴端部装有摇柄，连接各摇柄的连动杆与调节手柄相连。操作手柄，各叶片就能同步开或合。调整完毕，拧紧蝶形螺母，就可以固定位置。

这种调节阀结构简单、轻便灵活、造型美观。但矩形阀体刚性较差，在搬运、安装时容易变形，造成调节失灵，甚至阀片脱落。如果将调节手柄取消，把连动杆用连杆与电动执行机构相连，就是电动式多叶调节阀，从而可以进行遥控和自动调节。

3）三通调节阀。三通调节阀有手柄式和拉杆式。其适用于矩形直通三通和斜通管，不适用于直角三通。

在矩形斜三通的分叉点装有可以转动的阀板，转轴的端部连接调节手柄，手柄转动，阀板也随之转动，从而调节支管空气的流量。调整完毕后拧紧蝶形螺母固定。

（2）防火阀的安装。风管常用的防火阀分为重力式、弹簧式和百叶式。防火阀安装注意事项如下：

1）防火阀安装时，阀门四周要留有一定的建筑空间以便检修和更换零、部件。

2）防火阀温度熔断器一定要安装在迎风面一侧。

3）安装阀门（风口）之前应先检查阀门外形及操作机构是否完好，检查动作的灵活性，然后再进行安装。

4）防火阀与防火墙（或楼板）之间的风管壁应采用 $\delta > 2$ mm 的钢板制作，在风管外面用耐火的保温材料隔热。

5）防火阀宜有单独的支、吊架，以避免风管在高温下变形，影响阀门功能。

6）阀门在建筑吊顶上或在风道中安装时，应在吊顶板上或风管壁上设检修孔，一般孔尺寸不小于 450~450 mm，但最小不得小于 300 mm。

7）在阀门安装以后的使用过程中，应定期进行关闭动作试验，一般每半年或一年进行一次检验，并应有检验记录。

8）防火阀中的易熔件必须是经过有关部门批准的正规产品，不允许随便代用。

9）防火阀门有水平安装和垂直安装及左式和右式之分，在安装时务必注意，不能装反。

10）安装阀门时，应注意阀门调节装置要装置在便于操作的部位；安装在高处的阀门也要使其操作装置处于离地面或平台 1~1.5 m 处。

11）阀门在安装完毕后，应在阀体外部明显地标出开和关的方向及开启程度。对保温的风管系统，应在保温层外设法做标志，以便调试和管理。

（3）斜插板阀的安装。斜插板阀一般用于除尘系统，安装时应考虑不致集尘，因此对水平管上安装的斜插板阀应顺气流安装。在垂直管（气流向上）安装时，斜插板阀就应逆气流安装，阀板应向上拉启，而且阀板应顺气流方向插入。防火阀安装后应做动作试验，手动、电动操作应灵敏可靠，阀板关闭应可靠。

（4）风口安装。风口与风管的连接应严密、牢固；边框与建筑面贴实，外表面应平整、不变形；同一厅室、房间内的相同风口的安装高度应一致，排列整齐。带阀门的风口在安装前后都应扳动一下调节手柄或杆，保证调节灵活。变风量末端装置的安装，应设独立的支、吊架，与风管相接前应做动作试验。

净化系统风口安装应清扫干净，其边框与建筑顶板间或墙面间的接缝应加密封垫料或填密封胶，不得漏风。

（5）风帽安装。风帽可在室外沿墙绕过檐口伸出屋面，或在室内直接穿过屋面板伸出屋顶。对于穿过屋面板的风管，面板孔洞处应做防雨罩，防雨罩与接口应紧密，防止漏水。

不连接风管的筒形风帽，可用法兰固定在屋面板预留洞口的底座上。当排送温度较高的空气时，为避免产生的凝结水漏入室内，应在底座下设有滴水盘，并有排水装置，其排水管应接到指定位置或有排水装置的地方。

（6）吸尘罩与排气罩安装。吸尘罩、排气罩的主要作用是排除工艺过程或设备中的含尘气体、余热、余温、毒气、油烟等。各类吸尘罩、排气罩的安装位置应正确，牢固可靠，支架不得设置在影响操作的部位。用于排出蒸汽或其他气体的伞形排气罩，应在罩口内采取排除凝结液体的措施。

（7）柔性短管安装。柔性短管用于风机与空调器、风机与送回风管间的连接，以减少系统的机械振动。柔性短管的安装应松紧适当，不能扭曲。在风机吸入口的柔性短管可安装得绷紧一些，以免风机启动后，由干管内负压造成缩小截面的现象。柔性短管外不宜做保温层，并不能以柔性短管当成找平找正的连接管或异径管。

二、通风空调系统设备安装

通风空调设备的安装工作量较大。在通风空调系统中，各种设备的种类及数量较多，应严格按施工图和设备安装说明书的要求进行安装，以保证设备的正常工作和对空气的处理要求。

常见的通风空调设备安装有空气过滤器安装、换热器安装、喷淋室安装、消声器安装、通风机安装、除尘器安装、空调末端设备安装等。下面介绍通风空调系统设备的安装内容和安装要求。

（一）安装内容

空气过滤器安装→换热器安装→分水箱、集水器安装→喷淋室安装→消声器安装→通风机安装→除尘器安装→风机盘管和诱导器安装-→空调机组安装。

(二) 安装要求

1. 空气过滤器安装

（1）网状过滤器安装。

1）按设计图纸要求，制作角钢外框、底架和油槽，安装固定。

2）在安装框和角钢外框之间垫 3 mm 厚的石棉橡胶板或毛毡衬垫。

3）将角钢外框和油槽固定在通风室预留洞内预埋的木砖上，角钢外框与木砖连接处应严密。

4）安装过滤器前，应将过滤器上的铁锈及杂物清除干净。可先用70%的热碱水清洗，经清水冲洗晾干，再浸以 12 号或 20 号机油。

5）角钢外框安装牢固后，将过滤器装在安装框内，并用压紧螺栓将压板压紧。在风管内安装网格干式过滤器，为便于取出清扫，可做成抽屉式的。

（2）铺垫式过滤器的安装。因滤料须经常清洗，为了拆装方便，采用铺垫式横向踏步式过滤器。先用角钢做成框架，框架内呈踏步式。斜板用镀锌铁丝制成斜形网格，在其上铺垫 20~30 mm 厚的粗中孔泡沫塑料垫，与气流成 30°，要清洗或更换时就可从架子上取下。这种过滤器使用和维修方便，一般在棉纺厂的空气处理室中作为初效过滤。

凡用泡沫塑料做滤料的，在装入过滤器前，都应用5%浓度的碱溶液进行透孔处理。

（3）金属网格浸油过滤器安装。金属网格浸油过滤器用于一般通风空调系统。安装前应用热碱水将过滤器表面黏附物清洗干净，晾干后再浸以 12 号或 20 号机油。安装时，应将空调器内外清扫干净，并注意过滤器的方向，将大孔径金属网格朝迎风面，以提高过滤效率。金属网格过滤器出厂时一般都涂以机油防锈，但在运输和存放后，就会黏附上灰尘，故在安装时应先用70%~80%的热碱水清洗油污，晾干后再浸以 12 号或 20 号机油。相互邻接波状网的波纹应互相垂直，网孔尺寸应沿气流方向逐次减少。

（4）自动浸油过滤器。自动浸油过滤器用于一般通风空调系统。安装时，应清除过滤器表面黏附物，并注意装配的转动方向，使传动机构灵活。自动浸油过滤器由过滤层、油槽及传动机构组成。过滤层有多种形式，有用金属丝织成的网板，有用一系列互相搭接成链条式的网片板等。自动浸油过滤器安装时应注意以下几点：

1）安装前，应与土建方配合好，按设计要求预留孔洞，并预埋角钢框。

2）将过滤器油槽擦净，并检查轴的旋转情况。

3）将金属网放在煤油中刷洗，擦干后卷起，再挂在轴上，同时纳入导槽，绕过上轴、下轴的内外侧后，用对接的销钉将滤网的两端接成连续网带。检查滤网边在导槽里的，合适后，再用拉紧螺栓将滤网拉紧。

4）开动电动机，先检查滤网转动方向，进气面的滤网应自上向下移动，再在油槽内装满机油，转动 1 h，使滤网沾油；然后停车 0.5 h，使余油流回油槽，并将油加到规定的油位。

5）将过滤器用螺栓固定在预埋的角钢框－连接处加衬垫，使连接严密，无漏风之处。

6）两台或三台并排安装时，应用扁钢和螺栓连接。过滤器之间应加衬垫。其传动轴的中心组成一条直线。

（5）卷绕式过滤器安装。卷绕式过滤器一般为定型产品，整体安装，大型的可以在现场组装。安装时，应注意上下卷筒平行、框架平整、滤料松紧适当、辊轴及传动机构灵活。

（6）中效过滤器安装。中效过滤按滤料可分为玻璃纤维、棉短绒纤维滤纸及无纺布型等。中效过滤器安装时，应考虑便于拆卸和更换滤料，并使过滤器与框架和框架与空调器之间保持严密。

袋式过滤器是一种常用的中效过滤器。它采用不同孔隙率的无纺布做滤料，把滤料加工成扁平袋形状，袋口固定在角钢框架上，然后用螺栓固定在空气处理室的型钢框上，中间加法兰垫片。其由多个扁布袋平行排列，袋身用钢丝架撑起或是袋底用挂钩吊住。安装时要注意袋口方向应符合设计要求。

（7）高效过滤器的安装。高效过滤器是空气洁净系统的关键设备，其滤料采用超细玻璃纤维纸和超细石棉纤维纸。高效过滤器在出厂前都经过严格检验。过滤器的滤纸非常精细，易损坏，因此系统未装之前不得开箱。高效过滤器必须在洁净室完成；空调系统施工安装完毕，并在空调系统进行全面清扫和系统连续试车 12 h 以后，再现场拆开包装进行安装。高效过滤器在安装前应认真进行外观检查和仪器检漏。外观检查主要检查滤纸和框架有无损坏，损坏的应及时修补。仪器检漏主要是密封效果检查。密封效果与密封垫材料的种类、表面状况、断面大小、拼接方式、安装的好坏、框架端面加工精度和光洁度等都有密切关系。采用机械密封时须采用密封垫料，其厚度为 6~8 mm，定位贴在过滤器边框上，安装后垫料的压缩率均匀，压缩率为 25%~50%，以确保安装后过滤器四周及接口严密不漏。高效过滤器密封垫的漏风是造成过滤总效率下降的主要原因之一。

密封垫的接头用榫接式较好，既严密又省料。安装过滤器时，应注意保证密封垫受压后，最小处仍有足够的厚度。为保证高效过滤器的过滤效率和洁净系统的洁净效果，高效过滤器的安装必须遵守《洁净室施工及验收规范》或设计图纸的要求。

2. 空气热交换器安装

（1）换热器安装工艺。空调机组中常用的空气热交换器主要是表冷器和蒸汽或热水加热器。安装前，空气热交换器的散热面应保持清洁、完整。热交换器安装如缺少合格证明时，应进行水压试验。试验压力等于系统最高压力的 1.5 倍，且不少于 0.4 MPa，水压试验的观测时间为 2~3 min，压力不得下降。

热交换器的底座为混凝土或砖砌时，由土建单位施工，安装前应检查其尺寸及预埋件位置是否正确。底座如果是角钢架，则在现场焊制。热交换器按排列要求在底座上用螺栓连接固定，与周围结构的缝隙及热交换器之间的缝隙，都应用耐热材料填堵。

连接管路时，要熟悉设备安装图，要弄清进出水管的位置。在热水或蒸汽管路上及回水管路上均应安装截止阀，蒸汽系统的凝结水出口处还应装疏水器，当数台合用时，最好每台都能单独控制其进汽及回水装置。表冷器的底部应安装滴水盘和泄水管；当冷却器叠放时，在两个冷却器之间应装设中间水盘和泄水管，泄水管应设水封，以防吸入空气。

在连接管路上都应有便于检查拆卸的接口。当作为表面冷却器使用时，其下部应设排水装置。热水加热器的供回水管路上应安装调节阀和温度计，加热器上还应安设放气阀。

（2）换热器的安装质量。换热器安装质量的标准和要求如下：

1）换热器就位前的混凝土支座强度、坐标、标高尺寸和预埋地脚螺栓的规格尺寸必须符合设计要求和施工规范的规定。

2）换热器支架与支座连接应牢固，支架与支座和换热器接触应紧密。

3）换热器安装允许的偏差为：坐标 15 mm，标高±5 mm，垂直度（每 m）1 mm。

3. 分水箱、集水器安装

（1）安装工艺。

分水器和集水器属于压力容器，其加工制作和运行应符合压力容器安全监察规程。一般安装单位不可自行制作，加工单位在供货时应提供生产压力容器的资质证明、产品的质量证明书和测试报告。

分水器和集水器均为卧式，形状大致相同，但对于工作压力不同，对形状也有不同的要求。当公称压力为 0.07 MPa 以下时，可采用无折边球形封头；当公称压力为 0.25～4.0 MPa 时，应采用椭圆形封头。

分水器、集水器的接管位置应尽量安排在上下方向，其连接管的规格、间距和排列关系，应依据设计要求和现场实际情况在加工订货时做出具体的技术交底。注意考虑各支管的保温和支管上附件的安装位置，一般按管间保温后净距≥100 mm确定。

分水器、集水器一般安装在钢支架上。支架形式由安装位置决定。支架的形式有落地式和挂墙悬臂式。

（2）安装标准。

1）分、集水器安装前的水压试验结果必须符合设计要求和施工规范的规定。

2）分、集水器的支架结构符合设计要求。安装平正、牢固，支架与分、集水器接触紧密。

3）分、集水器及其支架的油漆种类、涂刷遍数符合设计要求，附着良好，无脱皮、起泡和漏涂，漆膜厚度均匀，色泽一致，无流淌和污染现象。

4）分、集水器安装位置的允许偏差值为：坐标 15 mm，标高 5 mm。

5）分、集水器保温厚度的允许偏差为：+0.1δ、−0.05δ（δ为保温层厚度）。

6）分、集水器保温表面平整度的允许偏差为：卷材 5 mm，涂抹 10 mm。

4. 喷淋室安装

（1）喷淋排管安装工艺。在加工管路时，要对喷淋室的内部尺寸进行实测。按图纸要求，结合现场实际进行加工制作和装配。主管与立管采用丝接，支管的一端与立管采用焊接连接，另一端安装喷嘴（丝接）。支管间距要均匀。每根立管上至少有两个立管卡固定。喷水系统安装完毕，在安设喷嘴前先把水池清扫干净，再开动水泵冲洗管路，清除管内杂质，然后拧上喷嘴。要注意喷口方向与设计要求的顺喷或逆喷方向相一致。

（2）挡水板安装工艺。挡水板常用 0.75~1.0 m 厚的镀锌钢板制作，也可用 3~5 mm 厚的玻璃板或硬质塑料板制作，安装时要注意以下五点：

1）应与土建施工配合，在空调室侧壁上预埋钢板。

2）将挡水板的槽钢支座、连接支撑角钢的短角钢和侧壁上的角钢框，焊接在空调室侧壁上的预埋钢板上。

3）将两端的两块挡水板用螺栓固定在侧壁上的角钢框上，再将一边的支撑角钢用螺栓连接在短角钢上。

4）先将挡水板放在槽钢支座上，再将另一边的支撑角钢用螺栓连接在侧壁上的短角钢上，然后用连接压板将挡水板边压住，用螺栓固定在支撑角钢上。

5）挡水板应保持垂直。挡水板之间的距离应符合设计要求，两侧边框应用浸铅油的麻丝填塞，防止漏水。

5. 消声器安装

在通风空调系统中，消声器一般安装在风机出口水平总风管上，用以降低风机产生的空气动力噪声，也有将消声器安装在各个送风口前的弯头内，用来阻止或降低噪声由风管内向空调房间传播。消声器的结构及种类有多种，其安装操作的要点如下：

（1）消声器在运输和吊装过程中，应力求避免振动，防止消声器变形，影响消声性能。尤其对填充消声多孔材料的阻抗式消声器，应防止由于振动而损坏填充材料，降低消声效果。

（2）消声器在安装时应单独设支架，使风管不承受其重量。

（3）消声器支架的横担板穿吊杆的螺孔距离应比消声器大 40~50 mm，为便于调节标高，可在吊杆端部套 50~80 mm 的丝扣，以便找平、找正用，并加双螺母固定。

（4）消声器的安装方向必须正确，与风管或管线的法兰连接应牢固、严密。

（5）当通风空调系统有恒温、恒湿要求时，消声器设备外壳应与风管同样做保温处理。

（6）消声器安装就位后，可用拉线或吊线的方法进行检查，对不符合要求的应进行修整，直到满足设计和使用要求。

消声器尽量安装于靠近使用房间的部位，如必须安装在机房内，则应对消声器外壳及消声器之后位于机房内的部分风管采取隔声处理。当系统为恒温系统时，则消声器外壳应与风管同样做保温处理。

6. 通风机安装

（1）轴流风机安装工艺。轴流风机大多安装在风管中间，装于墙洞内或单独支架上。在空气处理室内也有选择大型（12 号以上）轴流风机做回风机用的。

1）风管中安装轴流风机。其安装方法与在单独支架上安装相同。支架应按设计图纸要求位置和标高安装，支架螺孔尺寸应与风机底座螺孔尺寸相符。支架安装牢固后，再把孔机吊放在支架上，支架与底座间垫上厚度为 4~5 mm 的橡胶板，穿上螺栓，找正、找平后，上紧螺母。连接风管时，风管中心应与风机中心对正。为检查和接线方便，应设检查孔。

2）墙洞内安装轴流风机。安装前，应在土建施工时，配合土建方留好预留孔，并预埋挡板框和支架。安装时，把风机放在支架上，上紧底脚螺栓的螺母，连接好挡板，在外墙侧应装上 45°防雨防雪弯头。

（2）离心通风机安装工艺。

1）离心式通风机的安装。

①通风机混凝土基础浇注或型钢支架的安装，应在底座上穿入地脚螺栓，并将风机连同底座一起吊装在基础上。

②通风机的开箱检查。

③机组的吊装、校正、找平。调整底座的位置，使底座和基础的纵、横中心线相吻合；用水平尺检查通风机的底座放置是否水平，不水平时，可用平垫片和斜垫片进行水平度的调整。

④地脚螺栓的二次浇灌或型钢支架的初紧固。对地脚螺栓可进行二次浇灌；

养护约两周后，当二次浇灌的混凝土强度达到设计强度的75%时，再次检测通风机的水平度并进行调整，并用手扳动通风机轮轴，检查有无刮蹭现象。

⑤复测机组安装的中心偏差、水平度和联轴器的轴向偏差、径向偏差等是否满足要求。

⑥机组进行试运行。

2）安装时的注意事项。

①在安装通风机之前应再次核对通风机的型号、叶轮的旋转方向、传动方式、进出口位置等。

②检查通风机的外壳和叶轮是否有锈蚀、凹陷和其他缺陷。有缺陷的通风机不能进行安装，外观有轻度损伤和锈蚀的通风机，应进行修复后方能安装。

7. 除尘器安装

除尘器按作用原理可分为机械式除尘器、过滤式除尘器、洗涤式除尘器及电除尘器等类型，但其安装的一般要求是：安装的除尘器应保证位置正确、牢固、平稳，进出口方向、垂直度与水平度等必须符合设计要求；除尘器的排灰阀、卸料阀、排泥阀的安装必须严密，并便于日后操作和维修。此外，根据不同类型除尘器的结构特点，在安装时还应注意如下操作要点：

（1）机械式除尘器。

1）组装时，除尘器各部分的相对位置和尺寸应准确，各法兰的连接处应垫石棉垫片，并拧紧螺栓。

2）除尘器与风管的连接必须严密不漏风。

3）除尘器安装后，在联动试车时应考核其气密性，如有局部渗漏应进行修补。

（2）过滤式除尘器。

1）各部件的连接必须严密。

2）布袋应松紧适度，接头处应牢固。

3）安装的振打或脉冲式吹刷系统，应动作正常、可靠。

（3）洗涤式除尘器。

1）对于水浴式、水膜式除尘器，其本体的安装应确保液位系统的准确。

2）对于喷淋式的洗涤器、喷淋装置的安装，应使喷淋均匀、无死角，保证除尘效率。

（4）电除尘器。

1）清灰装置动作灵活、可靠，不能与周围其他部件相碰。

2）不属于电晕部分的外壳、安全网等，均有可靠的接地。

3）电除尘器的外壳应做保温层。

8. 风机盘管和诱导器安装

所采用的风机盘管、诱导器设备应具有出厂合格证和质量鉴定文件，风机盘管、诱导器设备的结构形式、安装形式、出口方向、进水位置应符合设计安装要求。设备安装所使用的主要材料和辅助材料的规格、型号应符合设计规定，并具有出厂合格证。

安装注意事项如下：

（1）土建施工时即搞好配合，按设计位置预留孔洞。待建筑结构工程施工完毕，屋顶做完防水层，室内墙面、地面抹完，再检查安装的位置尺寸是否符合设计要求。

（2）空调系统干管安装完后，检查接往风机盘管的支管预留管口位置标高是否符合要求。

（3）风机盘管在安装前应检查每台电机壳体及表面交换器有无损伤、锈蚀等缺陷。

（4）风机盘管和诱导器应逐台进行水压试验，试验强度应为工作压力的 1.5 倍，定压后观察 2~3 min，不渗、不漏为合格。

（5）卧式吊装风机盘管和诱导器，吊装应平整、牢固、位置正确。吊杆不应自由摆动，吊杆与托盘相连处应用双螺母紧固找平整。

（6）冷热媒水管与风机盘管、诱导器连接宜采用钢管或紫铜管，接管应平直。紧固时，应用扳手卡住六方接头，以防损坏铜管。凝结水管宜软性连接，材质宜用透明胶管，严禁渗漏，坡度应正确，凝结水应畅通地流到指定位置，水盘应无积水现象。

（7）风机盘管、诱导器的冷热媒管道，应在管道系统冲洗排污后再连接，以防堵塞热交换器。

（8）暗装的卧式风机盘管、吊顶应留有活动检查门，便于机组能整体拆卸和维修。

（9）风机盘管、诱导器安装必须平稳、牢固，风口要连接严密、不漏风。

（10）风机盘管、诱导器与进出水管的连接严禁渗漏，凝结水管的坡度必须符合排水要求，与风口及回风口的连接必须严密。

（11）风机盘管和诱导器运至现场后要采取措施，妥善保管，码放整齐，应有防雨、防雪措施。冬季施工时，风机盘管水压试验后必须随即将水排放干净，以防冻坏设备。

（12）风机盘管、诱导器安装施工要随运随装，与其他工种交叉作业时要注意成品保护，防止碰坏。

（13）立式暗装风机盘管，安装完后要配合好土建方安装保护罩。屋面喷浆前要采取防护措施保护已安装好的设备，保持清洁。

9. 空调机组安装

安装前首先要检查机组外部是否完整无损。然后打开活动面板，用手转动风机，细听内部有无摩擦声。如有异声，可调节转子部分，使其和外壳不碰为止。

（1）立式、卧式、柜式空调机组安装工艺。

1）一般不需要专用地基，安放在平整的地面上即可运转。若四角垫以20 mm厚的橡胶垫，则更好。

2）冷热媒流动方向，卧式机组采用下进上出，立式机组采用上进下出。冷凝水用排水管应接 U 形存水弯后通下水道排泄。

3）机组安装的场所应有良好的通风条件，无易爆、易燃物品，相对湿度不应大于85%。

4）与空调机连接的进出水管必须装有阀门，用以调节流量和检修时切断冷（热）水源，进出水管必须做好保温。

（2）窗式空调器的安装工艺。

1）窗式空调器一般安装在窗户上，也可以采用穿墙安装。其安装必须牢固。

2）安装位置不要受阳光直射，要通风良好、远离热源，且排水（凝结水）顺利。安装高度以 1.5 m 左右为宜，若空调器的后部（室外侧）有墙或其他障碍物，其间距必须大于 1 m。

3）空调器室外侧可设遮阳防雨棚罩，但绝不允许用铁皮等物将室外侧遮盖，否则因空调器散热受阻而使室内无冷气。

4）空调器的送风、回风百叶口不能受阻，气流要保持通畅。

5）空调器必须将室外侧装在室外，而不允许在内窗上安装，室外侧也不允在楼道或走廊内安装。

6）空调器凝结水盘要有坡度，室外排水管路要畅通，以利排水。

7）空调器搬运和安装时，不要倾斜超过30°，以防冷冻油进入制冷系统内。

第七章　室内外给排水施工安装工艺

室内外给排水系统的施工安装是建筑工程中的重要组成部分，它直接关系到建筑物的安全性和居住者的日常生活质量。随着建筑技术和环保标准的不断进步，给排水系统的施工安装工艺也在持续优化和完善。本章将详细介绍室内外给排水施工安装的基本工艺流程，旨在为相关技术人员提供一套科学合理的操作指南，确保给排水系统的稳定运行和高效使用。

第一节　室内给排水施工安装工艺

一、室内给水系统安装

室内给水系统的任务是满足用户对水质、水量、水压等的要求，把水输送到各个用水点。用水点一般包括生活配水龙头、生产用水设备、消防设备等。

室内给水系统，根据给水性质和要求不同，基本上可分为生活给水系统、生产给水系统和消防给水系统。实际上室内给水系统往往不是单一用途给水系统，而是组合成生活-生产、生产-消防、生活-消防或生活-生产-消防合并的给水系统。这些室内给水系统除用水点设备不同外，其组成基本上是相同的。

（一）室内给水系统的组成

一般室内给水系统由下列各部分组成：

（1）引入管是室外给水管网与室内给水管网之间的联结管段，也称进户管。给水系统的引入管系指总进水管。

（2）水表结点是指引入管上装设的水表及其前后设置的闸门、泄水装置的总称。

（3）管道系统由水平干管、立管、支管等组成。

（4）用水设备指卫生器具、生产用水设备和消防设备等。

（5）给水管道附件指管路上的闸门、止回阀、安全阀和减压阀等。

（6）增压和贮水设备。当城市管网压力不足或建筑对安全供水、水压稳定有要求时，须设置的水箱、水泵、气压装置、水池等增压和贮水设备。

（二）室内金属给水管道和附件安装

1. 工艺流程

测量放线→预制加工→支、吊架安装→干管安装→立管安装→支管安装→管道试压→管道保温→管道冲洗、通水→管道消毒。

2. 安装工艺

（1）测量放线。

根据施工图纸进行测量放线，在实际安装的结构位置做好标记，确定管道支、吊架位置。

（2）预制加工。

1）按设计图纸画出管道分路、管径、变径、预留管口及阀门位置等施工草图，按标记分段量出实际安装的准确尺寸，记录在施工草图上，然后按草图测得的尺寸预制组装。

2）未做防腐处理的金属管道及型钢应及时做好防腐处理。

3）在管道正式安装前，根据草图做好预制组装工作。

4）沟槽加工应按厂家操作规程执行。

（3）支、吊架安装。

1）按不同管径和要求设置相应管卡，位置应准确，埋设应平整。管卡与管道接触紧密，但不得损伤管道表面。

2）固定支、吊架应有足够的刚度、强度，不得产生弯曲变形等缺陷。

3）钢管水平安装的支架、吊架的间距不得大于规定值。

4）三通、弯头、末端、大中型附件，应设可靠的支架，用作补偿管道伸缩变形的自由臂不得固定。

（4）干管安装。

1）给水铸铁管道安装。

a. 清扫管膛并除掉承口内侧、插口外侧端头的防腐材料及污物，承口朝来水方向顺序排列，连接的对口间隙应不小于 1 mm，找平后，固定管道。管道拐弯和始端处应固定，防止捻口时轴向移动，管口随时封堵好。

b. 水泥接口时，捻麻时将油麻绳拧成麻花状，用麻钎捻入承口内，承口周围间隙应保持均匀，一般捻口两圈半，约为承口深度的 1/3。将油麻捻实后进行捻灰（水泥强度等级为 32.5 级，水灰比为 1∶9），用捻凿将灰填入承口，随填随捣，直至将承口打满。承口捻完后应用湿土覆盖或用麻绳等物缠住接口进行养护，并定时浇水，一般养护 48 h。

c. 青铅接口时，应将接口处水痕擦拭干净。在承口油麻打实后，用定形卡箍或包有胶泥的麻绳紧贴承口，缝隙用胶泥抹严，用化铅锅加热铅锭至 500 ℃ 左右（液面呈紫红色），铅口位于上方，应单独设置排气孔，将熔铅缓慢灌入承口内，排出空气。对于大管径管道灌铅速度可适当加快，以防熔铅中途凝固。每个铅口应一次灌满，凝固后立即拆除卡箍或泥模，用捻凿将铅口打实。

2) 镀锌管安装。

a. 丝扣连接。管道缠好生料带或抹上铅油缠好麻，用管钳按编号依次上紧，丝扣外露 2~3 扣，安装完后找直、找正，复核甩口的位置、方向及变径无误，清除麻头，做好防腐，所有管口要做好临时封堵。

b. 管道法兰连接。管径小于等于 100 mm，宜用丝扣法兰；若管径大于100 mm，应采用焊接法兰，二次镀锌。安装时，法兰盘的连接螺栓直径、长度应符合规范要求，紧固法兰螺栓时要对称拧紧，紧固好的螺栓外露丝扣应为 2~3扣。法兰盘连接衬垫，一般给水管（冷水）采用橡胶垫，生活热水管道采用耐热橡胶垫，垫片要与管径同心，不得多垫。

c. 沟槽连接。胶圈安装前除去管口端密封处的泥沙和污物，胶圈套在一根管的一端，然后将另一根钢管的一端与该管口对齐、同轴，两端要求留一定的间隙，再移动胶圈，使胶圈与两侧钢管的沟槽距离相等。胶圈外表面涂上专用润滑剂或肥皂水，将两瓣卡箍卧进沟槽内，再穿入螺栓，并均匀地拧紧螺母。

d. 丝扣外露及管道镀锌表面损伤部分做好防腐。

3) 铜管安装。

a. 安装前先对管道进行调直，冷调法适用于外径小于等于 108 mm 的管道，热调法适用于外径大于 108 mm 的管道。调直后不应有凹陷、破损等现象。

b. 当用铜管直接弯制弯头时，可按管道的实际走向预先弯制成所需弯曲半径的弯头，多根管道平行敷设时，要排列整齐，管间距要一致、整齐、美观。

c. 薄壁铜管可采用承插式钎焊接口、卡套式接口和压接式接口；厚壁铜管可采用螺纹接口、沟槽式接口和法兰式接口。

（5）立管安装。

1）立管明装。每层从上至下统一吊线安装卡件，先画出横线；再用线坠吊在立管的位置上，在墙上弹出或画出垂直线，根据立管卡的高度在垂直线上确定出立管卡的位置，并画好横线，然后再根据所画横线和垂直线的交点打洞栽卡。将预制好的立管按编号分层排开，顺序安装，对好调直时的印记，校核甩口的高度、方向是否正确。外露丝扣和镀锌层破坏处刷好防锈漆，支管甩口均加好临时封堵。立管阀门安装的朝向应便于操作和维修。安装完后用线坠吊直找正，配合土建堵好楼板洞。立管的管卡安装，当层高小于或等于 5 m 时，每层须安装一个；当层高大于 5 m 时，每层不得小于两个管卡的安装高度，应距地面 1.5~1.8 m；两个以上的管卡应均匀安装，成排管道或同一房间的立管卡和阀门等的安装高度应保持一致。管卡栽好后，再根据干管和支管横线测出各立管的实际尺寸，并进行编号记录，在地面统一进行预制和组装，在检查和调直后方可进行安装。

2）立管暗装。竖井内立管安装的卡件应按设计和规范要求设置。安装在墙内的立管宜在结构施工中预留管槽，立管安装时吊直找正，用卡件固定，支管的甩口应明露，并做好临时封堵。

（6）支管安装。

1）支管明管。安装前应配合土建方正确预留孔洞和预埋套管，先按立管上预留的管口在墙面上画出（或弹出）水平支管安装位置的横线，并在横线上按图纸要求画出各分支线或给水配件的位置中心线，再根据横线中心线测出各支管的实际尺寸进行编号记录，根据记录尺寸进行预制和组装（组装长度以方便上管为宜），检查调直后进行安装。

2）管道嵌墙、直埋敷设时，宜在砌墙时预留凹槽。凹槽尺寸为深度等于 D+20 mm；宽度为 D+40~60 mm。凹槽表面必须平整，不得有尖角等凸出物，管道安装、固定、试压合格后，凹槽用 M7.5 级水泥砂浆填补密实。若在墙上凿槽，应先确定墙体强度，强度不足或墙体不允许凿槽时不得凿槽，只能在墙面上固定敷设后用 M7.5 级水泥砂浆抹平或加贴侧砖加厚墙体。

3）管道在楼（地）坪面层内直埋时，预留的管槽深度不应小于管外径 D+20 mm，管槽宽度宜为管外径 D+40 mm。管道安装、固定、试压合格后，管槽用与地坪层相同强度等级的水泥砂浆填补密实。

4）管道穿墙时可预留孔洞，墙管或孔洞内径宜为管外径 D+50 mm。

5）支管管外皮距墙面（装饰面）留有操作空间。

（7）管道试压。

1）管道试验压力应为管道系统工作压力的 1.5 倍，但不得小于 0.6 MPa。

2）管道水压试验应符合下列规定：

a. 水压试验之前，管道应固定牢固，接头应明露。室内不能安装各配水设备（如水嘴、浮球阀等），支管不宜连通卫生器具配水件。

b. 加压宜用手压泵，泵和测量压力的压力表应装设在管道系统的底部最低点（不在最低点时应折算几何高差的压力值），压力表精度为 0.01 MPa，量程为试压值的 1.5 倍。

c. 管道注满水后，排出管内空气，封堵各排气出口，进行严密性检查。

d. 缓慢升压，升至规定试验压力，10 mm 内压力降不得超过 0.02 MPa，然后降至工作压力检查，压力应不降，且不渗不漏。

e. 直埋在地坪面层和墙体内的管道，分段进行水压试验，试验合格后土建方可继续施工（试压工作必须在面层浇筑或封闭前进行）。

（8）管道保温。

1）给水管道明装、暗装的保温有管道防冻保温、管道防热损失保温、管道防结露保温。保温材质及厚度应按设计要求执行，质量应达到国家规定标准。

2）管道保温应在水压试验合格后进行，如须先保温或预先做保温层，应将管道连接处和焊缝留出，待水压试验合格后，再将连接处保温。

3）管道法兰、阀门等应按设计要求保温。

（9）管道冲洗、通水试验。

1）管道系统在验收前必须进行冲洗，冲洗水应采用生活饮用水，流速不得小于 1.5 m/s。应连续进行，保证充足的水量，出水水质和进水水质透明度一致为合格。

2）系统冲洗完毕后应进行通水试验，按给水系统的 1/3 配水点同时开放，各排水点通畅,接口处无渗漏。

(10)管道消毒。

1)管道冲洗、通水后,将管道内的水放空,各配水点与配水件连接后,进行管道消毒,向管道系统内灌注消毒溶液,浸泡24 h以上。消毒结束后,放空管道内的消毒液,再用生活饮用水冲洗管道,直至各末端配水件出水水质经水质部门检验合格为止。

2)管道消毒完后打开进水阀向管道供水,打开配水点水龙头适当放水,在管网最远点取水样,经卫生监督部门检验合格后方可交付使用。

(三)室内非金属给水管道及附件安装

1. 工艺流程

测量放线→预制加工→管道敷设→管道连接→管道固定→水压试验→清洗消毒。

2. 安装工艺

(1)无规共聚聚丙烯(PP-R)给水管道及附件安装如下:

1)测量放线。

①管道安装应测量好管道坐标、标高、坡度线。

②管道安装时(热水、采暖管道埋地不应有接头),应复核冷、热水管的公称压力、等级和使用场合。管道的标志应面向外侧,处于明显位置。

2)预制加工。

①管材切割前,必须正确测量和计算好所需长度,用铅笔在管表面画出切割线和热熔连接深度线,连接深度应符合相应规定。

②切割管材必须使端面垂直干管轴线。管材切割应使用管子剪、断管器或管道切割机,不宜用钢锯锯断管材。若使用时,应用刮刀清除管材锯口的毛边和毛刺。

③管材与管件的连接端面和熔接面必须清洁、干燥、无油污。

④熔接弯头或三通等管件时,应注意管道的走向。宜先进行预装,校正好方向,用铅笔画出轴向定位线。

3)管道敷设。

①管道嵌墙、直埋敷设时,宜在砌墙时预留凹槽。凹槽尺寸为深度等于D+

20 mm；宽度为 D+40~60 mm。凹槽表面必须平整，不得有尖角等凸出物，管道安装、固定、试压合格后，凹槽用 M7.5 级水泥砂浆填补密实。

②管道在楼（地）坪面层内直埋时，预留的管槽深度不应小于 D+20 mm，管槽宽度宜为 D+40 mm。管道安装、固定、试压合格后，管槽用与地坪层相同强度等级的水泥砂浆填补密实。

③管道安装时，不得有轴向扭曲。穿墙或穿楼板时，不宜强制校正。给水 PP-R 管道与其他金属管道平行敷设时，应有一定的保护距离，净距离不宜小于 100 mm，且 PP-R 管宜在金属管道的内侧。

④室内明装管道，宜在土建初装完毕后进行，安装前应配合土建方正确预留孔洞和预埋套管。

⑤管道穿越楼板时，应设置硬质套管（内径 = D+30~40 mm），套管高出地面 20~50 mm。管道穿越屋面时，应采取严格的防水措施。

⑥管道穿墙时，应配合土建方设置硬质套管，套管两端应与墙的装饰面持平。

⑦直埋式敷设在楼（地）坪面层及墙体管槽内的管道，应在封闭前做好试压和隐蔽工程验收工作。

⑧建筑物埋地引入管或室内埋地管道的铺设要求如下：

a. 室内地坪±0.000 以下管道铺设宜分两阶段进行。先进行室内段的铺设，至基础墙外壁 500 mm 为止；待土建施工结束，且具备管道施工条件后，再进行户外管道的铺设。

b. 室内地坪以下管道的铺设，应在土建工程回填土夯实以后，重新开挖管沟，将管道铺设在管沟内。严禁在回填土之前或在未经夯实的土层中敷设管道。

c. 管沟底应平整，不得有凸出的尖硬物体，必要时可铺 100 mm 厚的砂垫层。

d. 管沟回填时，管道周围 100 mm 以内的回填土不得夹杂尖硬物体。应先用砂土或过筛的颗粒不大于 12 mm 的泥土，回填至管顶以上 100 mm 处，经洒水夯实后再用原土回填至管沟顶面。室内埋地管道的埋深不宜小于 300 mm。

e. 管道出地坪处应设置保护套管，其高度应高出地坪 100 mm。

f. 管道在穿越基础墙处应设置金属套管。套管顶与基础墙预留孔的孔顶之间的净空高度，应按建筑物的沉降量确定，但不应小于 100 mm。

g. 管道在穿越车行道时，覆土厚度不应小于 700 mm，达不到此厚度时，应采取相应的保护措施。

4）管道连接。

①PP-R管材与金属管材、管件、设备连接时，应采用带金属嵌件的过渡管件或专用转换管件，在塑料管热熔接后，丝扣连接金属管材、管件。严禁在塑料管上套丝连接。

②管材截取后，必须清除毛边、毛刺，管材、管件连接面必须清洁、干燥、无油污。

③同种材质的PP-R管材和管件之间，应采用热熔连接或电熔连接。熔接时，应使用专用的热熔或电熔焊接机具。直埋在墙体内或地面内的管道，必须采用热（电）熔连接，不得采用丝扣或法兰连接。丝扣或法兰连接的接口必须明露。

④PP-R管材与金属管件相连接时，应采用带金属嵌件的PP-R管件作为过渡，该管件与PP-R管材采用热（电）熔连接，与金属管件或卫生洁具的五金配件采用丝扣连接。

⑤便携式热熔焊机适用于公称外径≤63 mm的管道焊接，台式热熔焊机适用于公称外径≥75 mm的管道焊接。

⑥热熔连接应按下列步骤进行：

a. 热熔工具接通电源，待达到工作温度（指示灯亮）后，方能开始热熔。

b. 加热时，管材应无旋转地将管端插入加热套内，插入所标志的连接深度；同时，无旋转地把管件推到加热头上，并达到规定深度的标志处。熔接弯头或三通等有安装方向的管件时，应按图纸要求注意其方向，提前在管件和管材上做好标志，保证安装角度正确，调正、调直时，不应使管材和管件旋转，保持管材与轴线垂直，使其处于同一轴线上。

c. 达到规定的加热时间后，必须立即将管材与管件从加热套和加热头上同时取下，迅速无旋转地沿管材与管件的轴向直线均匀地插入所标志的深度，使接缝处形成均匀的凸缘。

d. 在规定的加工时间内，刚熔接的接头允许立即校正，但严禁旋转。

e. 在规定的冷却时间内，应扶好管材、管件，使其不受扭弯和拉伸。

⑦电熔连接应按下列步骤进行：

a. 按设计图将管材插入管件，达到规定的热熔深度，校正好方位。

b. 将电熔焊机的输出接头与管件上的电阻丝接头夹好，开机通电，达到规定的加热时间后断电（见电熔焊机的使用说明）。

⑧管道采用法兰连接时，应符合下列规定：

a. 将法兰盘套在管道上，有止水线的面应相对。

b. 校直两个对应的连接件，使连接的两片法兰垂直于管道中心线，表面相互平行。

c. 法兰的衬垫应采用耐热无毒橡胶垫。

d. 应使用相同规格的螺栓，安装方向一致，螺栓应对称紧固，紧固好的螺栓应露出螺母之外，宜齐平，螺栓、螺母宜采用镀锌件。

e. 连接管道的长度精确，紧固螺栓时，不应使管道产生轴向拉力。

f. 法兰连接部位应设置支架、吊架。

5）管道固定。

①管道安装时，宜选用管材生产厂家的配套管卡。

②管道安装时必须按不同管径和要求设置支、吊架或管卡，位置应准确，埋设应平整、牢固。管卡与管道接触紧密，但不得损伤管道表面。

③采用金属支、吊架或管卡时，宜采用扁铁制作的鞍形管卡，并在管卡与管道间采用柔软材料进行隔离，不宜采用圆钢制作的 U 形管卡。

④固定支、吊架应有足够的刚度，不得产生弯曲变形等缺陷。

⑤PP-R 管道与金属管配件连接部位，管卡或支架、吊架应设在金属管配件一端。

⑥三通、弯头、接配水点的端头、阀门、穿墙（楼板）等部位，应设可靠的固定支架。用作补偿管道伸缩变形的自由臂不得固定。

6）压力试验。

①冷水管道试验压力应为管道系统设计工作压力的 1.5 倍，但不得小于 1.0 MPa。

②热水管道试验压力应为管道系统设计工作压力的 2.0 倍，但不得小于 1.5 MPa。

7）冲洗、消毒。

①管道系统在验收前应进行通水冲洗，冲洗水水质经有关水质部门检验合格为止。冲洗水总流量可按系统进水口处的管内流速 1.5 m/s，从下向上逐层打开配水点水龙头或进水阀进行放水冲洗，放水时间不小于 1 min，同时，放水的水龙头或进水阀的计算当量不应大于该管段的计算当量的 1/4，冲洗时间以出水口

水质与进水口水质相同时为止。放水冲洗后切断进水，打开系统最低点的排水口将管道内的水放空。

②管道冲洗后，用含 20~30 mg/L 的游离氯的水灌满管道，对管道进行消毒。消毒水滞留 24 h 后排空。

③管道消毒后打开进水阀向管道供水，打开配水点水龙头适当放水，在管网最远配水点取水样，经卫生监督部门检验合格后方可交付使用。

（2）铝塑复合给水管道安装如下：

1）预制加工。

①检查管材、管件是否符合设计要求和质量标准。

②管材切割前，根据施工草图复核管道管径及长度。

③管道调直。管径小于等于 20 mm 的铝塑复合管可直接用手调直；管径大于等于 25 mm 的铝塑复合管调直一般在较为平整的地面进行，固定管端，滚动管盘向前延伸，压住管道调直。

④管道弯曲。管径不大于 25 mm 的管道，可采用在管内放置专用弹簧用手加力直接弯曲；管径大于 32 mm 的管道，宜采用专用弯管器弯曲。

⑤管道切断。管材切断应使用专用管剪、断管器或管道切割机，不宜使用钢锯断管，若使用时，应用刮刀清除管材锯口的毛边和毛刺，切断管材必须使管断面垂直干管轴线。

⑥在条件许可时，可将管材、管件预制组对连接后再安装。

2）管道敷设安装。在室内敷设时，宜采用暗敷。暗敷方式包括直埋和非直埋。直埋敷设指嵌墙敷设和在楼（地）面内敷设，不得将管道直接埋设在结构内；非直埋敷设指将管道在管道井内、吊顶内、装饰板后敷设，以及在地坪的架空层内敷设。

①管道室内明装时应符合下列要求：

a. 管道敷设部位应远离热源，与炉灶距离不小于 40 mm；不得在炉灶或火源的正上方敷设水平管。

b. 管道不允许敷设在排水沟、烟道及风道内；不允许穿越大小便槽、橱窗、壁柜、木装修；应避免穿越建筑物的沉降缝，如必须穿越时，要采取相应措施。

c. 室内明装管道，宜在土建粉刷或贴面装饰后进行，安装前应与土建方密切配合，正确预留孔洞或预埋套管。

d. 管道在有腐蚀性气体的空间明设时，应尽量避免在该空间配置连接件。若非配置不可时，应对连接件做防腐处理。

②管道在室内暗设时应符合下列要求：

a. 直埋敷设的管道外径不宜大于 25 mm。嵌墙敷设的横管距地面的高度宜不大于 0.45 m，且应遵循热水管在上、冷水管在下的规定。

b. 管道嵌墙暗装时，管材应设在凹槽内，并且用管码固定，用砂浆抹平，安装前配合土建预留凹槽，其尺寸设计无规定时，嵌墙暗管槽尺寸是深度为 D+ 20 mm、宽度为 D+（40~60）mm。凹槽表面必须平整，不得有尖角等凸出物。阀门应明装，以便操作。

c. 管道安装敷设在地面砂浆找平层中时，应根据管道布置，画出安装位置，土建专业留槽。管道安装过程中槽底应平整无凸出尖锐物；管道安装完毕试压合格后再做砂浆找平层，并绘制准确位置，做好标志，防止下道工序被破坏。

d. 在用水器具集中的卫生间，可采用分水器配水，并使各支管以最短距离到达各配水点。管道埋地敷设部分严禁有接头。

e. 卫生间地面暗敷管道安装比较特殊。卫生间由土建专业先做防水，土建防水合格后，再安装管道，管道安装过程中不得破坏防水。

③铝塑管不能直接与金属箱（池）体焊接，只能用管接头与焊在箱体上的带螺纹的短管相连接，且不宜在防水套管内穿越管，可在两端用管接头与套管内的带管螺纹的金属穿越管相连接。

④管道安装与其他金属管道平行敷设时，应有一定的保护距离，净距离不宜小于 100 mm，且在金属管道的内侧。

⑤管径不大于 32 mm 的管道，在直埋或非直埋敷设时，均可不考虑管道轴向伸缩补偿。

⑥分集水器的安装。

a. 当分集水器水平安装时，一般宜将分水器安装在上，集水器安装在下，中心距宜为 200 mm，集水器中心距地面应不小于 300 mm；当垂直安装时，分集水器下端距地面应不小于 150 mm。

b. 管道始末端出地面至连接配件的管段，应设置在硬质套管内。套管外皮不宜超出集配装置外皮的投影面。管道与集配装置分路阀门的连接，应采用专用卡套式连接件或插接式连接件。

⑦管道连接方式。

a. 卡压式（冷压式）。不锈钢接头采用专用卡钳压紧，适用于各种管径的连接。

b. 卡套式（螺纹压紧式）。铸铜接头采用螺纹压紧，可拆卸，适用于管径小于或等于 32 mm 的管道连接。

c. 螺纹挤压式。铸铜接头与管道之间加塑料密封层，采用锥形螺帽挤压形式密封，不得拆卸，适用于管径小于或等于 32 mm 的管道连接。

d. 过渡连接。铝塑复合管与其他管材、卫生器具金属配件、阀门连接时，采用带铜内丝或铜外丝的过渡接头、管螺纹连接。

⑧管道连接前，应对材料的外观和接头的配件进行检查，并清除管道和管件内的污垢和杂物，使管材与管件的连接端面清洁、干燥、无油。

⑨螺纹连接。

a. 按设计要求的管径和现场复核后的管道长度截断管道。检查管口，如发现管口有毛刺、不平整或端面不垂直于管轴线时，应修正。

b. 用专用刮刀将管口处的聚乙烯内层削坡口，坡角为 20~30°，深度为1.0~1.5 mm，且应用清洁的纸或布将坡口残屑擦干净。

c. 将锁紧螺帽、C 形紧箍环套在管上，用整圆器将管口整圆；用力将管芯插入管内，至管口达管芯根部，同时完成管内圆倒角。整圆器按顺时针方向转动，对准管子内部口径。

d. 将 C 形紧箍环移至距管口 0.5~1.5 mm 处，再将锁紧螺帽与管件本体拧紧。

e. 用扳手将螺母拧紧。

⑩压力连接。压制钳有电动压制工具和电池供电压制工具。当使用承压和螺丝管件时，将一个带有外压套筒的垫圈压制在管末端。用 O 形密封圈和内壁紧固起来。压制过程分两种，使用螺丝管件时，只须拧紧旋转螺钉；使用承压管件时，须用压制工具和钳子压接外层不锈钢套管。

3）卡架固定。

①管道安装时，宜选用管材生产厂家的配套管卡。

②三通、弯头、阀门等管件和管道弯曲部位，应适当增设管码或支架，与配水点连接处应采取加固措施。

③管道安装时按不同管径和要求设置管卡或支、吊架，位置应准确，埋设应平整、牢固。管卡与管道接触紧密，但不得损伤管道表面。

④采用金属管卡或金属支、吊架时，不得损伤管壁，金属表面与管道之间应采用柔软材料进行隔离。

4）压力试验。

①水压试验之前，应检查系统固定、接口及末端封闭情况，支管不宜连通用水设备。

②试验压力为管道系统工作压力的 1.5 倍，但不小于 0.6 MPa。

③水压试验步骤如下：

a. 向系统缓慢注水，同时将管道内空气排出。

b. 管道充满水后，进行外观检查，有无渗漏现象。

c. 对系统加压，加压应采用手压泵缓慢升压。

d. 升压至规定的试验压力后，停止加压，稳压 10 min，压力降不应大于 0.02 MPa，然后降至工作压力进行检查，无渗漏。

④直埋在地坪面层和墙体内的管道，可分支管或分楼层进行水压试验，试压合格后方可进行下道工序。

⑤土建隐蔽管道时，要求系统应保持不小于 0.4 MPa 的压力。

5）冲洗消毒。生活饮用水管道试压合格后，在竣工验收前应进行冲洗、消毒。冲洗水应采用生活饮用水，流速不得小于 1.5 m/s。冲洗后将管道内的水放空，各配水点与配水件连接后，进行管道消毒，向管道系统内灌注消毒溶液，浸泡 24 h 以上。消毒结束后，放空管道内的消毒液，再用生活饮用水冲洗管道，至各末端配水口出水水质经水质部门检验合格为止。

二、室内排水系统安装

室内排水系统的任务是按满足污水排放标准的要求，把居住建筑、公共建筑和生产建筑内各用水点所产生的污水排入室外排水管网中。按所排除污水的性质，室内排水系统可分为生活污水排水系统、工业污（废）水排水系统及雨、雪水排水系统。

（一）室内排水系统的组成

室内排水系统一般由卫生器具、排水系统、通气系统、清通设备、抽升设备组成。

1. 卫生器具

卫生器具或生产设备受水器如图 7-1 所示：

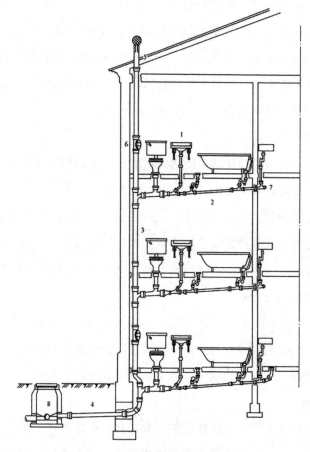

1—卫生器具；2—横支管；3—立管；4—排出管；
5—通气管；6—检查口；7—清扫口；8—检查井

图 7-1　室内排水系统

2. 排水系统

排水系统由器具排水管（连接卫生器具的横支管之间的一段短管，坐式大便器除外）、有一定坡度的横支管、立管、埋设在室内地下的总支管和排出到室外的排出管等组成。

3. 通气系统

通气管系统有以下三个作用：

（1）向排水管系统补给空气，使水流畅通，更重要的是减少排水管道内气压变化幅度，防止卫生器具水封被破坏。

（2）使室内外排水管道中散发的臭气和有害气体能排到大气中。

（3）管道内经常有新鲜空气流通，可减轻管道内废气锈蚀管道的危害。

一般对层数不高、卫生器具不多的建筑物，仅将排水立管上端延伸出屋面即可，此段（自最高层立管检查口算起）称为通气管。

4. 清通设备

为了疏通排水管道，在排水系统内设检查口、清扫口和检查井。

检查口为一带螺栓盖板的短管，立管上检查口之间的距离不宜大于 10 m，但在建筑物最低层和设在卫生器具的二层以上坡顶建筑物最高层必须设置检查口。平顶建筑可用通气管顶口代替检查口。当立管上有乙字管时，在该层乙字管的上部应设检查口。检查口的设置高度，从地面至检查口中心宜为 1.0 m，并应高于该层卫生器具上边缘 0.15 m。

检查井设在厂房内管道的转弯、变径和接支管处。生活污水管道不宜在建筑物内设检查井。当必须设置时，应采取密闭措施；排水管与室外排水管道连接处应设检查井。检查井中心至建筑物外墙的距离不宜小于 3.0 m。

5. 抽升设备

民用建筑中的地下室、人防建筑物、高层建筑的地下室、某些工业企业车间地下或半地下室、地下铁道等地下建筑物内的污（废）水不能自流排至室外时，必须设置污水抽升设备。

（二）室内金属排水管道及附件安装

1. 工艺流程

管道预制→吊托架安装→干管安装→立管安装→支管安装→附件安装→通球试验→灌水试验→管道防结露→室内排水管道通水能力试验。

2. 安装工艺

（1）管道预制。管道预制前应先做好除锈和防腐。

1）排水立管预制。根据建筑设计层高及各层地面做法厚度，按照设计要求确定排水立管检查口及排水支管甩口标高中心线，绘制加工预制草图，一般立管检查口中心距建筑地面 1.1 m，排水支管甩口应保证支管坡度，使支管最末端承口距离楼板不小于 100 mm，使用合格的管材进行下料，预制好的管段应做好编号，码放在平坦的场地，管段下面用方木垫实，应尽量增加立管的预制管段长度。

2）排水横支管预制。按照每个卫生器具的排水管中心到立管甩口以及到排水横支管的垂直距离绘制大样图，然后根据实量尺寸结合大样图排列、配管。

3）预制管段的养护。捻好灰口的预制管段应用湿麻绳缠绕灰口浇水养护，保持湿润，常温下 24~48 h 后才能运至现场安装。

（2）排水干管托、吊架安装。

1）排水干管在设备层安装，首先根据设计图纸的要求将每根排水干管管道中心线弹到顶板上，然后安装托、吊架，吊架根部一般采用槽钢形式。

2）排水管道支、吊架间距，横管不大于 2 m，立管不大于 3 m。楼层高度不大于 4 m 时，立管可安装一个固定件。

3）高层排水立管与干管连接处应加设托架，并在首层安装立管卡子；高层建筑立管托架可隔层设置落地托架。

4）支、吊架应考虑受力情况，一般加设在三通、弯头或放在承口后，然后按照设计及施工规范要求的间距加设支、吊架。

（3）排水干管安装。排水管道坡度应符合设计要求，若设计无要求，应符合表 7-1 的规定。

表 7-1 排水管道的坡度

管径（mm）	标准坡度（%）	最小坡度（%）
50	3.5	2.5
75	2.5	1.5
100	2.0	1.2
125	1.5	1.0
150	1.0	0.7
200	0.8	0.5

1）将预制好的管段放到已经夯实的回填土上或管沟内，按照水流方向从排出位置向室内顺序排列，根据施工图纸的坐标、标高调整位置和坡度，加设临时支撑，并在承插口的位置挖好工作坑。

2）在捻口之前，先将管段调直，各立管及首层卫生器具甩口找正，用麻钎把拧紧的青麻打进承口，一般为两圈半，将水灰比为 1∶9 的水泥捻口灰装在灰盘内，自下而上边填边捣，直到将灰口打满、打实、有回弹的感觉为合格，灰口凹入承口边缘不大于 2 mm。

3）排水排出管安装时，先检查基础或外墙预埋防水套管尺寸、标高，将洞口清理干净，然后从墙边使用双 45°弯头或弯曲半径不小于四倍管径的 90°弯头，与室内排水管连接，再与室外排水管连接，伸出室外。

4）排水排出管穿基础应预留好基础下沉量。

5）管道铺设好后，按照首层地面标高将立管及卫生器具的连接短管接至规定高度，预留的甩口做好临时封闭。

（4）排水立管安装。

1）安装立管前，应先在顶层立管预留洞口吊线，找准立管中心位置，在每层地面上或墙面上安装立管支架。

2）将预制好的管段移至现场，安装立管时，两人上下配合，一人在楼板上从预留洞中甩下绳头，下面一人用绳子将立管上部拴牢，两人配合将立管插入承口中，用支架将立管固定，然后进行接口的连接。对于高层建筑，铸铁排水立管接口形式有两种（材质均为机制铸铁管），即 W 形无承口连接和 A 形柔性接口，其他建筑一般采用水泥捻口承插连接。

①W 形无承口管件连接时先将卡箍内橡胶圈取下，把卡箍套入下部管道，把橡胶圈的一半套在下部管道的上端，再将上部管道的末端套入橡胶圈，将卡箍套在橡胶圈的外面，使用专用工具拧紧卡箍即可。

②A 形柔性接口连接，安装前必须将承口插口及法兰压盖上的附着物清理干净，在插口上画好安装线，一般承插口之间保留 5～10 mm 的空隙，在插口上套入法兰压盖及橡胶圈，橡胶圈与安装线对齐，将插口插入承口内，保证橡胶圈插入承口深度相同，然后压紧法兰压盖，拧紧螺栓，使橡胶圈均匀受力。

③如果 A 形和 W 形接口与刚性接口（水泥捻口）连接时，把 A 形、W 形管的一端直接插入承口中，用水泥捻口的形式做成刚性接口。

3）立管插入承口后，下面的人把立管检查口及支管甩口的方向找正，立管检查口的朝向应该便于维修操作，上面的人把立管临时固定在支架上，然后一边打麻一边吊直，最后捻灰并复查立管垂直度。

4）立管安装完毕后，应用标号不低于楼板的细石混凝土将洞口堵实。

5）高层建筑有辅助透气管时，应采用专用透气管件连接透气管。

6）安装立管时，一定要注意将三通口的方向对准横托管方向，以免在安装横托管时由于三通口的偏斜而影响安装质量。三通口（采用 45°三通时，以按三通的 45°弯头口为准）的高度要由横管的长度和坡度来决定，和楼板的距离一般宜大于或等于 250 mm，但不得大于 300 mm。

7）立管与墙面应留有一定的操作距离，立管穿现浇楼板时，应预留孔洞。

（5）排水支管安装。

1）安装支管前，应先按照管道走向支吊架间距要求栽好吊架，并按照坡度要求量好吊杆尺寸，将预制好的管段套好吊环，把吊环与吊杆和螺栓连接牢固，将支管插入立管预留承口中，打麻、捻灰。

2）在地面防水前应将卫生器具或排水配件的预留管安装到位，如果器具或配件的排水接口为丝扣接口，预留管可采用钢管。

（6）排水附件安装。

1）地漏安装。根据土建弹出的建筑高程线计算出地漏的安装高度，地漏算子与周围装饰地面 5 mm 不得抹死。地漏水封应不小于 50 mm，地漏扣碗及地漏内壁和算子应刷防锈漆。

2）清扫口安装。

①在连接两个及两个以上大便器或一个以上卫生器具的排水横管上应设清扫口或地漏；排水管在楼板下悬吊敷设时，如将清扫口设在上一层的地面上，清扫口与墙面的垂直距离不小于 200 mm；排水管起点安装堵头代替清扫口时，与墙面距离不小于 400 mm。

②排水横管直线管段超长时应加设清扫口。

3）检查口安装。立管检查口应每隔一层设置一个，但在最低层和有卫生器具的最高层必须设置，如为两层建筑时，可在底层设检查口；如有乙字管，则在乙字管上部设置检查口。暗装立管，在检查口处应安装检修门。

4）透气帽安装。

①经常有人逗留的屋面上，透气帽应高出净屋面 2 m，并设置防雷装置；非上人屋面应高出屋面 300 mm，但必须大于本地区最大积雪厚度。

②在透气帽周围 4 m 内有门窗时，透气帽应高出门窗顶 600 mm 或引向无门窗一侧。

（7）通球试验。

1）立、干管安装完后，必须做通球试验。

2）根据立管直径选择可击碎小球，球径为管径的 2/3，从立管顶端投入小球，并用小线系住小球，在干管检查口或室外排水口处观察，发现小球为合格。

3）干管通球试验要求。从干管起始端投入塑料小球，并向干管内通水，在户外的第一个检查井处观察，发现小球流出为合格。

（8）灌水试验。

1）试验时，先将排出管末端用气囊堵严，从管道最高点灌水，但灌水高度不能超过 8 m，对试验管段进行外观检查，若无渗漏，则认为试验合格。灌水试验合格后，经建设单位有关人员验收，方可隐蔽或回填，回填土必须分层进行，每层 0.15 m，埋地管道、设备层的管道隐蔽前必须做灌水试验。灌水高度不低于卫生器具的上边缘或地面高度，满水 15 min 水面下降后，再灌满观察 5 min 液面不降，管道接口无渗漏为合格。楼层管道可打开排水立管上的检查口，选用球胆充气作为塞子堵住检查口上端试验管段，分层进行试验，不渗、不漏为合格。

2）埋地排水干管安装完毕后，应做好沥青防腐。从结构上分为三种，即普通防腐层、加强防腐层和特加强防腐层。设计对埋地铸铁排水管道防腐无要求时，一般做到普通防腐层即可。

3）暗装或铺设于垫层中及吊顶内的排水支管安装完毕后，在隐蔽之前应做灌水试验，高层建筑应分区、分段、分层试验，试验时，先打开立管检查口，测量好检查口至水平支管下皮的距离，在胶管上做好记号，将胶囊由检查口放入立管中，到达标记后向气囊中充气，当表压升到 0.07 MPa 时即可，然后向立管连接的第一个卫生器具内灌水，灌到器具边沿下 5 mm 处，15 min 后再灌满，观察 5 min，液面不降为合格。

（9）管道防结露。

管道安装、灌水试验完毕后，对于隐蔽在吊顶、管沟、管井内的排水管道，应根据设计要求对管道进行防冻和防结露保温。

防结露保温使用干管井、吊顶内、门厅上方及公共卫生间内的排水横干、支管道。

（10）室内排水管道通水能力试验。

工程结束验收应做系统通水能力试验。室内排水系统，按给水系统的配水点开放，检查各排水点是否畅通，接口处有无渗漏。若畅通且不渗漏则为合格。

（三）室内非金属排水管道及附件安装

1. 工艺流程

安装准备预制加工→干管安装→立管安装→支管安装→附件安装→支架安装→通球试验→灌水试验→管道防结露。

2. 安装工艺

（1）安装准备

1）认真熟悉图纸，配合土建施工进度，做好预留预埋工作。

2）按设计图纸画出管路及管件的位置、管径、变径、预留洞、坡度、卡架位置等施工草图。

（2）预制加工

1）根据图纸要求并结合实际情况，测量尺寸，绘制加工草图。

2）根据实测小样图和结合各连接管件的尺寸量好管道长度，采用细齿锯、砂轮机进行配管和断管。断口要平齐，用铣刀或刮刀除掉断口内外飞刺，外棱铣出 15~30°角，完成后应将残屑清除干净。

3）支管及管件较多的部位应先进行预制加工，码放整齐，注意成品保护。

（3）干管安装

1）非金属排水管一般采用承插黏结连接方式。

2）承插黏结方法。将配好的管材与配件按表 7-2 规定的试插，使承口插入的深度符合要求，不得过紧或过松，同时还要测定管端插入承口的深度，并在其表面画出标记，使管端插入承口的深度符合表 7-2 的规定。

表 7-2 管材插入的深度

公称外径（mm）	承口深度（mm）	插入深度（mm）
50	25	19
75	40	30
110	50	38
160	60	45

试插合格后，用干布将承插口须黏结部位的水分、灰尘全部擦拭干净。如有油污，须用丙酮除掉。用毛刷涂抹胶黏剂，先涂抹承口后涂抹插口，随即用力垂直插入，插入黏结时将插口转动 90 ℃，以利胶黏剂分布均匀，约 30s 至 1 min 即可黏结牢固。黏牢后立即将挤出的胶黏剂擦拭干净。多口黏结时应注意预留口方向。

3）埋入地下时，按设计坐标、高程、坡向、坡度开挖槽沟并夯实。

4）采用托、吊管安装时，应按设计坐标、标高、坡向做好托、吊架。

5）施工条件具备时，将预制加工好的管段按编号运至安装部位进行安装。

6）管道的坡度应符合设计要求，若设计无要求时，可参照表 7-3。

表 7-3 生活污水塑料管的坡度

管径（mm）	标准坡度（‰）	最小坡度（%）
50	25	12
75	15	8
110	12	6
125	10	5
160	7	4

7）用于室内排水的水平管道与水平管道、水平管道与立管的连接，应采用45°三通或45°四通和90°斜三通或90°斜四通。立管与排出管端部的连接，应采用2个45°弯头或曲率半径不小于4倍管径的90°弯头。

8）通向室外的排水管，穿过墙壁或基础应采用45°三通和45°弯头连接，并应在垂直管段的顶部设置清扫口。

9）埋地管穿越地下室外墙时，应采用防水套管。

（4）立管安装

1）首先按设计坐标、高程要求校核预留孔洞，洞口尺寸可比管材外径大50~100 mm，不可损伤受力钢筋。安装前清理场地，根据需要支搭操作平台。

2）首先清理已预留的伸缩节，将锁母拧下，取出橡胶圈，清理杂物。立管插入时，应先计算插入长度做好标记，然后涂上肥皂液，套上锁母及橡胶圈，将管端插入标记处，并锁紧锁母。

3）安装时，先将立管上端伸入上一层洞口内，垂直用力插入至标记为止。合适后用U形抱卡紧固，找正、找直，三通口中心符合要求，有防水要求的须安装止水环，保证止水环在孔洞中位置，止水环可用成品或自制，即可堵洞，临时封堵各个管口。

4）排水立管的管中心线距墙面为100~120 mm，立管距灶边净距不得小于400 mm，与供暖管道的净距不得小于200 mm，且不得因热辐射使管外壁温度高于40 ℃。

5）管道穿越楼板处为非固定支撑点时，应加装金属或塑料套管，套管内径可比穿越管外径大两号，套管高出地面不得小于50 mm（厕厨间），居室20 mm。

6）排水塑料管与铸铁管连接时，宜采用专用配件。当采用水泥捻口连接时，应先将塑料管插入承口部分的外侧，用砂纸打毛或涂刷胶黏剂滚粘干燥的粗黄砂；插入后应用油麻丝填嵌均匀，用水泥捻口。

7）地下埋设管道及出屋顶透气立管如不采用UPVC排水管件而采用下水铸铁管件时，可采用水泥捻口。为防止渗漏，塑料管插接处用粗砂纸将塑料管横向打磨粗糙。

（5）支管安装

1）按设计坐标、高程要求，校核预留孔洞，孔洞的修整尺寸应大于管径的

40~50 mm。

2）清理场地，按需要支搭操作平台。将预制好的支管按编号运至现场。清除各黏结部位及管道内的污物和水分。

3）将支管水平初步吊起，涂抹胶黏剂，用力推入预留管口。

4）连接卫生器具的短管一般伸出净地面 10 mm，地漏甩口低于净地面 5 mm。

5）根据管段长度调整好坡度，合适后固定卡架，封闭各预留管口和堵洞。

（6）附件安装

1）干管清扫口和检查口设置

①在连接两个及两个以上大便器或三个及三个以上卫生器具的污水横管上应设置清扫装置。当污水管在楼板下悬吊敷设时，如清扫口设在上一层楼地面上，经常有人活动场所应使用铜制清扫口，污水管起点的清扫口与管道相垂直的墙面距离不得小于 200 mm；若污水起点设置堵头代替清扫口时，与墙面距离不得小于 400 mm。

②在转角小于 135° 的污水横管上应设置地漏或清扫口。

③污水横管的直线管段，应按设计要求的距离设置检查口或清扫口。

④设置在吊顶内的横管，在其检查口或清扫口位置应设检修门。

⑤安装在地面上的清扫口顶面必须与净地面相平。

2）伸缩节设置

①管端插入伸缩节处预留的间隙应为：夏季，5~10 mm；冬季，15~20 mm。

②如立管连接件本身具有伸缩功能，可不再设伸缩节。

③排水支管在楼板下方接入时，伸缩节应设置于水流汇合管件之下；排水支管在楼板上方接入时，伸缩节应设置于水流汇合管件之上；立管上无排水支管时，伸缩节可设置于任何部位；污水横支管超过 2 m 时，应设置伸缩节，但伸缩节最大间距不得超过 4 m，横管上设置伸缩节应设于水流汇合管件的上游端。

④当层高小于或等于 4 m 时，污水管和通气立管应每层设一伸缩节，当层高大于 4 m 时，应根据管道设计伸缩量和伸缩节最大允许伸缩量确定。伸缩节设置应靠近水流汇合管件（如三通、四通）附近。同时，伸缩节承口端（有橡胶圈的一端）应逆水流方向，朝向管路的上流侧（伸缩节承口端内压橡胶圈的压圈外侧应涂黏结剂，并与伸缩节黏结）。

⑤立管在穿越楼层处固定时，在伸缩节处不得固定；在伸缩节固定时，立管穿越楼层处不得固定。

3）高层建筑明敷管道阻火圈或防火套管的安装

①立管管径大于或等于 110 mm 时，在楼板贯穿部位应设置阻火圈或长度不小于 500 mm 的防火套管。

②管径大于或等于 110 mm 的横支管与暗设立管相连时，墙体贯穿部位应设置阻火圈或长度不小于 300 mm 的防火套管，且防火套管的明露部分长度不宜小于 200 mm。

③横干管穿越防火分区隔墙时，管道穿越墙体的两侧应设置阻火圈或长度不小于 500 mm 的防火套管。

（7）支架安装

1）立管穿越楼板处可按固定支座设计；管道井内的立管固定支座应支承在每层楼板处或井内设置的刚性平台和综合支架上。

2）层高小于或等于 4 m 时，立管每层可设一个滑动支座；层高大于或等于 4 m 时，滑动支座间距不宜大于 2 m。

3）横管上设置伸缩节时，每个伸缩节应按要求设置固定支座。

4）横管穿越承重墙处可按固定支架设计。

5）固定支座的支架应用型钢制作，并锚固在墙或柱上；悬吊在楼板、梁或屋架下的横管的固定支座的吊架应用型钢制作，并锚固在承重结构上。

6）悬吊在地下室的架空排出管，在立管底部肘管处应设置托吊架，防止管内落水时的冲击影响。

（8）通球试验

1）洁具安装后，排水系统管道的立管、主干管应进行通球试验，以确保其畅通无阻。

2）立管通球试验应由屋顶透气口处投入不小于管径 2/3 的试验球，应在室外第一个检查井内临时设网截取试验球，用水冲动试验球至室外第一个检查井，取出试验球为合格。

3）干管通球试验要求。从干管起始端投入塑料小球，并向干管内通水，在户外的第一个检查井处观察，发现小球流出为合格。

（9）灌水试验

1）排水管道安装完成后，应按施工规范要求进行闭水试验。暗装的干管、立管、支管必须进行闭水试验。

2）闭水试验应分层分段进行。试验标准，将排出管外端及底层地面各承接口堵严，然后以一层楼高为标准往管内灌水，满水至地面高度，满水 15 min，再延续 5 min，液面不下降，检查全部满水管段管件、接口无渗漏为合格。

（10）管道防结露。根据设计要求做好排水管道吊顶内横支管防结露保温。

第二节　室外给排水管道施工安装工艺

一、室外给水管道施工安装工艺

室外给水管道工程的施工主要包括土方工程、室外给水管道安装及安装质量验收。室外给水管线，一般采用给水铸铁管，有时也采用热镀锌钢管、塑料管和塑料复合管。本节以给水铸铁管为例，介绍室外给水管道安装内容和安装要求。

（一）工艺流程

挖槽→管道接口安装→管道安装→管道试压→管道冲洗消毒→管沟回填。

（二）安装工艺

1. 挖槽

挖槽之前应充分了解开槽地段的土质及地下水位情况，根据管道直径、埋设深度、施工季节和地面上的建筑物等情况确定沟槽的形式，沟槽底宽若设计无规定可按照表 7-4 所给数值选取。

表 7-4 沟槽底宽尺寸表（m）

管材名称	管径（mm）				
	50~75	100~200	250~350	400~450	500~600
铸铁管、钢管、石棉水泥管	0.70	0.80	0.90	1.10	1.50
陶土管	0.80	0.80	1.00	1.20	1.60
钢筋水泥土管	0.90	1.00	1.00	1.30	1.70

注：1. 当管径大于 1000 mm 时，对任何管材，沟底净宽 D+0.6 m（D 为管箍外径）。

2. 当有支撑板加固管沟时，沟底净宽加 0.1 m；当沟深大于 2.5 m 时，每增深 1 m，净宽加 0.1 m。

3. 在地下水位高的土层中，管沟的排水沟宽为 0.3~0.5 m。

铺设铸铁管或钢管，一般不加任何基础，可用天然土基作为基础。施工时，仅需要将天然地基整平或挖成与管子外形相符的弧形槽。所以，不论采用何种方法挖沟槽，一定不要超挖。一旦超挖破坏了天然土基，或被地面水浸泡后，应将这部分土壤挖掉，再铺垫砂石，以确保管基的坚固性。

2. 管道接口安装

（1）铸铁管安装。

1）承口朝来水方向顺序安装。管道中心线必须与定位中心线一致，调整管底高程。管道转弯处及始端应采用木方等支撑牢固，防止捻口时管道轴向移动。

2）承插口之间的环形间隙应均匀一致，不得小于 3 mm。

3）管道调平、调直后将管道固定。在靠近管道两端处用浮土覆盖，两侧夯实。所有临时预留接口要及时封堵。

（2）对口。对口方法要根据管径的大小确定。管径小于 400 mm 的管子，可用人工或用撬杠顶入对口；管径大于或等于 400 mm 的管子，用吊装机械或倒链对口。

对口前，应先清理好管端的泥土。若采用橡胶圈石棉水泥接口时，应将橡胶圈套在插口上，然后将插口顶入或拉入承口内。要求承插口对好后，其对口最大间隙不得超过表 7-5 所规定的数值，但也不应小于 3 mm。

表 7-5　铸铁管承插口的对口最大间隙

管径（mm）	沿直线铺设（mm）	沿曲线铺设（mm）
75	4	5
100~200	5	7~13
300~500	6	14~22

注：沿曲线铺设，每个接口允许有 2°转角。

为了使已对好的承插口同心，应在承口与插口间打入錾子（即铁楔），其数目一般不少于 3 个，然后在管节中部填土至管顶并夯实，使管子固定，取出铁楔，再进行打口。沿直线铺设的铸铁管，其承插口间的环形间隙应符合表 7-6 的规定。

表 7-6 铸铁管承插接口的环形间隙

管径（mm）	标准环形间隙（mm）	允许偏差（mm）
75~200	10	+3 / −2
250~450	11	+4
500	12	−2

对口时，如管道上设有阀门，应先将阀门与其配合的两侧短管安装好，而不应先将两侧管子就位，然后安装阀门。因为这样做对阀门找正与上紧螺栓都不方便。

（3）打口及养护。管道打口也称管道接口。庭院给水管道的接口方式一般采用承插式接口，仅在与有法兰盘的配件、阀门连接时，或其他特殊情况下才采用法兰盘接口。给水铸铁管可采用以下六种承插式接口方法：

1）油麻石棉水泥接口。油麻石棉水泥接口是一种最常用的接口形式。在 2.0~2.5 MPa 压力下能保持严密。这种接口属于刚性连接，不适用于地基不均匀沉陷地区及温度波动较大的情况。

自制油麻一般将国产线麻浸入 5% 的 5 号沥青和 95% 的汽油混合溶液中，泡制后风干即成。油麻使用前应进行消毒。石棉采用标号不低于四级的柔软石棉；水泥选用不低于 400 号的硅酸盐水泥或矿渣硅酸盐水泥，后者抗腐蚀性能较好，但硬化较慢，当遇有腐蚀性地下水时，不宜用硅酸盐水泥，最好采用火山灰水泥。

石棉水泥的重量配合比应为石棉 30%、水泥 70%，水灰比宜小于或等于 0.20。配制时，先将石棉绒用 8 号铁丝打松，再与水泥干拌均匀，然后洒水用手搓匀。拌和物的干度应为用手可握成团，张开手用手指轻轻一拨又可松开为宜。注意应根据用量随用随搅拌，一次拌成的填料，应在 1 h 内用完。

接口时，先将油麻拧成粗度为 1.5 倍接口环向间隙，长度比管子外周长长 50~100 mm 的麻股，并将其缠在插管上，用捻口凿打入接口缝隙，通常应打入 2~3 层麻股，每层麻股的接头应错开，然后用手锤和捻凿加力打实，打实后的麻层深度一般应为承口深度的 1/3。石棉水泥则可分为 4~5 层填打，第一层填灰为深度的 2/3，第二层填灰深度为余下的 1/2，此后每层可填满后再捻打，直到与承口端面相平为止。石棉水泥捻打用灰凿和手锤进行，每层均须捻打2~3遍，直到灰口表面出现潮湿为止。

打好的石棉水泥接口应进行养护，方法是在接口处绕上草绳，或盖上草袋、麻袋布、破布或土，然后少量地洒水，且每隔6~8 h洒水一次，保持接口有一定水分，养护时间不少于48 h。如遇有地下水时，接口处应涂抹黏土，以防石棉水泥被水冲刷；若遇有侵蚀性地下水时，接口处应涂抹沥青防腐层。

2）橡胶圈石棉水泥接口。橡胶圈石棉水泥接口是用橡胶圈取代了油麻石棉水泥接口中的油麻线股。要求橡胶圈的内径为0.85~0.90插管外径，而且橡胶圈使用前必须逐个检查，不得有割裂、破损、气泡、大飞边等缺陷。因橡胶圈富有弹性和水密性，故其接口的严密性比油麻石棉水泥接口的要好，但造价高于油麻石棉水泥接口。

橡胶圈石棉水泥接口的用料量见表7-7。

3）自应力水泥砂浆接口。自应力水泥属膨胀水泥的一种，在凝固期间，它具有遇水膨胀、强度增长速度加快的特点。自应力水泥由硅酸盐水泥、矾土水泥、二水石膏（$CaSO4 \cdot 2H_{20}$）按重量比72：14：14混合而成，硅酸盐水泥是产生强度的成分，矾土水泥和石膏是产生膨胀的成分。使用前用水淘洗，清除杂质。拌和数量应控制在1 h内用完为限。

表7-7 给水铸铁管承插接口用料量（一个）

管径 （mm）	胶圈石棉水泥接口			自应力水泥砂浆接口		石膏氯化钙水泥接口		
	胶圈 （个）	石棉绒 （kg）	水泥 （kg）	自应力水泥 （kg）	中砂 （kg）	水泥 （kg）	石膏粉 （kg）	氯化钙 （kg）
75	1	0.18	0.42	0.29	0.29	0.53	0.05	0.027
100	1	0.24	0.55	0.39	0.39	0.69	0.07	0.035
150	1	0.35	0.80	0.59	0.59	1.13	0.11	0.057
200	1	0.44	1.26	0.75	0.75	1.38	0.14	0.070
250	1	0.61	1.42	1.00	1.00	1.27	0.17	0.086
300	1	0.72	1.67	1.18	1.18	2.10	0.21	0.105

接口时，一面塞填拌和料，一面用灰凿分层捣实。其接口用料量见表7-7。

自应力水泥砂浆接口，由于在硬化过程中具有较好的膨胀性，而在受限制的条件下可与接触的管壁表面紧密接合，因此，这种接口具有较强的水密性。

4）石膏氯化钙水泥接口。石膏氯化钙水泥接口填料的重量配合比为水泥：石膏粉：氯化钙＝10：1：0.5。水占重量的20%，水泥使用42.5级硅酸盐水泥，石膏粉粒度应能通过200目铜沙网。

操作时，先将水泥和石膏粉拌匀，把氯化钙粉碎溶于水中，然后与干料拌和。注意，拌和好的填料应在6~10 min内用完。

石膏氯化钙水泥接口的用料量见表7-7。

5）橡胶圈水泥砂浆接口。橡胶圈水泥砂浆接口是用水泥砂浆代替了石棉水泥封口，从而省去了锤打石棉水泥的繁重劳动。这种接口一般用于200 mm以下的小口径管道上，能耐压1.4 MPa。

6）青铅接口。青铅接口是指用铅做接口材料的承插连接。它具有刚性和抗振性好、施工方便、不须养护、接口严密等优点。常用于亟须通水，穿越铁路、公路、河槽及振动较大处的管道承插接口。但因青铅较贵，一般不宜在全管段普遍采用，青铅接口有冷铅接口和熔铅接口。

冷铅接口是将铅条拧成绳股，填塞进承插口的环形间隙，分层填塞、分层打实。冷铅接口一般用于接口处于湿环境中，如处于水中。熔铅接口是先将油麻股打入接口中，再把管口用卡箍（或石棉绳）严密围住，卡箍和管壁间的接缝用湿黏土抹好，以防漏铅。卡箍上部留有灌铅口。用铅锅将铅熔化至紫红色（约600 ℃，青铅纯度在99%以上），再用铅勺从灌铅口灌入接口，直至铅熔液灌满为止（注意熔铅坯一次灌满）。待铅凝固后，取下卡箍（或石棉绳），趁热用手锤和捻凿从下到上捻打，直至承口表面平整、均匀，铅凹入承口2~3 mm为宜。

熔铅接口时要特别注意安全。熔铅接口过程避免与水接触，以防"放炮"伤人；灌铅速度不宜过快，以免空气排除不利，从而造成喷铅事故；操作人员应戴手套和防护眼镜。

3. 管道安装

（1）把预制完的管道运到安装部位按编号依次排开，并检查接口、管腔清理情况。

（2）丝扣连接时，管道丝扣处抹上白厚漆，缠好麻，用管钳或链钳按编号依次上紧，丝扣外露2~3扣，安装完毕后调直、调正，复核甩口的位置、方向及变径无误。清除麻头，所有管口加好临时丝堵。

（3）焊接连接前，应先修口清根。壁厚大于或等于 4 mm 的管道对焊时，管端应进行坡口。焊接时，应先将管端点焊固定，管径小于或等于 100 mm 时，可点焊 3 点固定；管径大于 100 mm 时，应点焊 4 点固定。

（4）压力试验合格后，应对外露螺纹、焊口进行防腐处理，以延长管道的使用寿命并防止腐蚀造成的损害。管道附件应安装在设置于检查井内的支墩上。检查井井盖要有永久的文字标志，各种井盖不得混用。

管道季节性施工应注意以下内容：

1）冬期施工时，管道水压试验、冲洗后应将水排净，以防冻裂。

2）冬期施工防腐时，应将管道上的冰霜清理干净，以免涂料不能良好地附着在管道上。

3）冬期施工时，管道接口如采用水泥捻口，应用掺有防冻剂的水泥，捻口完毕后用草袋或保温被覆盖防护。

4）雨期施工时，管沟应有良好的防泡槽、防坍塌措施，如有雨水及时排放。

5）雨期施工时，各临时预留接口应封堵严密，以防污水进入管内。

6）雨雪天气露天进行铅口及焊口施工时，应搭建临时防雨篷。

4. 管道试压

（1）水压试验前准备工作。

1）水压试验应在管件支墩做完，并达到要求强度后进行，对未做支墩的管件应做临时后背。

2）埋地管道应在管基检查合格，胸腔填土厚度不小于 500 mm 后进行试压，试压管段长度一般不超过 1000 m。

3）水压试验时，管道各最高点设排气阀，最低点设放水阀。

4）水压试验所用的压力表必须校验准确。

5）水压试验所用手摇式试压泵或电动试压泵应与试压管道连接稳妥。

6）管道试压前，其接口处不得进行油漆和保温，以便进行外观检查。

（2）水压试验步骤。

1）水压试验前应将管道进行加固。干线始末端用千斤顶固定，管道弯头及三通处用水泥支墩或方木支撑固定。

2）当采用水泥接口时，管道在试压前用清水浸泡 24 h，以增强接口强度。

3）向管内灌水时，应打开管道高点的排气，待水灌满后，关闭排气阀和进水阀。

4）试验压力为工作压力的 1.5 倍，但不得小于 0.6 MPa。

5）用试压泵缓慢升压，在试验压力下 10 min 内压力降不应大于 0.05 MPa，压力应分 2~3 次使压力升至试验压力，然后降至工作压力进行检查，压力应保持不变，检查管道及接口不渗、不漏为合格。

（3）水压试验注意事项。

1）在试压过程中，应注意检查法兰、丝扣接头、焊缝和阀件等处有无渗漏和损坏现象，试压结束后，将系统水放空，拆除试压设施，对不合格处进行补焊和修补。

2）对于小口径（指管径小于 300 mm）的管道，在气温低于 0 ℃时进行试验，试验完毕应立即将管内存水放净。对于大口径的管道，当气温在 -5 ℃时，可用掺盐 20%~30% 的冷盐水进行试压。

3）冬季进行管道试压，小口径的管道容易冻结，如压力表管、排气阀及放水阀短管等，都要预先缠好草绳或覆盖保温。此外，试压管段长度宜控制在 50 m 左右，操作前做好各项准备工作，操作中行动要迅速，一般应在 2~3 h 内试验完毕。

5. 管道冲洗、消毒

（1）冲洗水的排放管应接入可靠的排水井或排水沟，并保持通畅和安全。排放管截面不应小于被冲洗管截面的 60%。

（2）管道应以不小于 1.5 m/s 流速的水进行冲洗。

（3）管道冲洗以出口水色和透明度与入口的一致为合格。

（4）生活饮用水管道冲洗后用消毒液灌满管道，对管道进行消毒，消毒水在管道内滞留 24 h 后排放。管道消毒后，水质须经水质部门检验合格后方可投入使用。

6. 管沟回填

（1）管道试验合格后进行回填。管道周围 200 mm 以内应用沙子或无块石及无冻土块的土进行回填。管顶上部 500 mm 以内不得回填直径大于 100 mm 的块石或冻土块。管顶上部 500 mm 以上用块石或冻土回填时，不得集中。

（2）为防止管道偏移或损坏，管沟回填时应用人工进行回填，并应在管道两侧同时进行。管顶以上回填时，每次回填 150 mm，用木夯夯实，不得漏夯或夯土不实。500 mm 以上用蛙式夯进行夯实，每次回填夯土 300 mm。

二、室外排水管道施工安装工艺

室外排水管道的管材主要使用非金属管，如混凝土管、钢筋混凝土管、陶土管和石棉水泥管等。施工时，所采用的管材必须符合质量标准，不得有裂纹，管口不得有残缺。

排水管道安装质量必须符合下列要求：

（1）平面位置及标高要准确，坡度应符合设计要求；

（2）接口要严密，污水管道必须经闭水试验合格；

（3）混凝土基础与管壁结合应严密、坚固。

室外排水管道的施工工序与室外给水铸铁管道的施工工序基本相同，所不同的工序是几种不同管材的接口等。以下介绍室外排水管道的安装内容和安装要求。

（一）工艺流程

开挖管沟→管道接口连接→管道安装→管道试压→管沟回填。

（二）安装工艺

1. 开挖管沟

（1）根据导线桩测定管道中心线，在管线的起点、终点和转角处钉一较长的木桩做中心控制桩。用两个控制点控制此桩，将窨井位置相继用短木桩钉出。

（2）根据设计坡度计算挖槽深度，放出上开口挖线；沟槽深度必须大于当地冻土层深度。

（3）测定污水井等附属构筑物的位置。

（4）在中心桩上钉个小钉，用钢尺量出间距，在窨井中心牢固埋设水平板，不得高出地面，将水平板测水平。板上钉出管道中心线做线用，在每块水平板上注明井号、沟宽、坡度和立板至各控制点的常数。

（5）用水准仪测出水平板高程，以便确定坡度。在中心钉一 T 形样标志，使其下缘水平，且和沟底标高为一常数，另一个窨井的水平板也同样设置，其常数不变。

（6）挖沟过程中，对控制坡度的水平板要注意保护和复测。

（7）挖至沟底时在沟底钉临时桩，以便控制高程，防止超挖，破坏原状土层。

（8）挖沟深度在 2 m 以内时，采用脚手架进行接力倒土，也可用边坡台阶二次返土；根据沟槽土质和深度不同，酌情设置支撑加固。

2. 管道接口连接

（1）混凝土管及钢筋混凝土管接口。混凝土管及钢筋混凝土管的接口主要有承插式接口、抹带式接口和套环式接口。

1）承插式接口。承插式接口材料有沥青油膏和水泥砂浆。沥青油膏接口为柔性接口，适用于污水管道。施工时，先在插口外壁及承口内壁涂冷底子油（重量配比为 4 号沥青：汽油 = 3：7）一道，将承插口对正，将沥青油膏（重量配比为 6 号石油沥青：重松节油：废机油：石棉灰：滑石粉 = 100：11.1：44.5：77.5：119）填入承插口间隙。水泥砂浆接口为刚性接口，一般用于雨水管道，施工时，将承插口对正后填入重量比为 1：2 的水泥砂浆，水泥砂浆应有一定稠度，填满后应用抹刀挤压表面。

2）抹带式接口。抹带式接口的抹带有两种做法，即水泥砂浆抹带和铁丝网水泥砂浆抹带。这两种抹带均属刚性接口。

水泥砂浆抹带的闭水能力较差，多用于平口式钢筋混凝土雨水管道上。抹带采用重量比为 1：2.5 的水泥砂浆（水灰比不大于 0.5）。抹带应严密、无裂缝，一般用抹刀分两层抹压，第一层为全厚的 1/3，其表面要粗糙，以便与第二层紧密接合。此种接口一般须打混凝土基础和管座，消耗水泥量较多，并且需要较长的养护时间。

铁丝网水泥砂浆抹带中加入的一层或几层 22 号铁丝网（网眼 7 mm×7 mm）作用是增强抹带接口的闭水能力和强度。这种接口可用于平口式钢筋混凝土雨水管道上，也可以用于低压给水管道上。具体做法如下：

①首先将需要抹带的管口部分凿毛，下管并对好口，在管口凿毛处刷水泥浆一道，抹第一层水泥砂浆厚约 10 mm，并压实，上铁丝网后用 18~22 号镀锌铁丝包扎。

②待第一层水泥砂浆初凝后，在铁丝网上抹第二层水泥砂浆，厚约 10 mm，并同上法包上第二层铁丝网，两层铁丝网的搭接缝应错开。

③待第二层水泥砂浆初凝后再抹第三层水泥砂浆。

④对只需要加两层铁丝网的抹带，待第三层水泥砂浆初凝后，压实并抹光即完成接口。

3）套环接口。套环的材料一般与管材相同，套环内径比管外径大 25~30 mm，套环套在两管接口处后，其间环形空隙的填料有沥青砂和石棉水泥。

套环沥青砂接口为柔性接口，适用于地下水位以下的、地基较差可能产生不均匀沉陷的管道。沥青砂的重量配比为混合沥青：石棉粉：细砂 = 1：0.67：0.67。混合沥青由 4 号和 5 号沥青各 50%混成，石棉粉中要求有 30%纤维，细砂要能通过 0.25 mm 的筛孔。施工时，通常的做法是在接口外壁及套环内壁预先涂抹一层适当的密封材料（如专用的密封胶或润滑剂），而非冷底子油。接着下管并对准管口，将套环移至两管接缝处，并应保持套环居中与管同心。随后填充适当的密封材料（如橡胶圈或弹性密封材料），并在套环两端严密地填塞，以确保良好的密封性能。如果使用扎绑绳进行固定，其深度应控制在 30~50 mm 范围内，确保连接处的密封性和稳定性。

套环石棉水泥接口属于半刚性接口，适用于地下水位以下的、地基可能产生少量不均匀沉陷的管道。其油麻和石棉水泥的质量、石棉水泥的配合比及填打方法均与承插式铸铁管的相同，只是填打时，套环石棉水泥接口是从两侧同时进行的。这种接口同样要求施工时先做接口，后做接口处混凝土基础。

（2）陶土管接口。陶土管（缸瓦管）有单面带釉和双面带釉的，多为承插式接口，接口填料为水泥砂浆。

水泥砂浆的质量配合比为 1：1，其稠度以填塞到承插口中不流动为适宜。当地下水位较高或有侵蚀性时，最好采用火山灰水泥，接口后再用泥土养护。

陶土管多用于排除含有酸、碱、油及有机物杂质的工业污废水，故接口的材料应选耐酸、碱腐蚀的材料，比较常用的是耐酸水泥砂浆，若排水温度不高时，也可采用沥青玛瑞酯。另外，呋喃环氧树脂、硫黄水泥防酸、碱腐蚀材料也正在这类管道接口中逐步扩大应用。

（3）石棉水泥管接口。石棉水泥管接口分刚性接口和柔性接口。刚性接口不用橡胶密封圈，造价低，但在地基不均匀沉陷时，容易在纵向折断或拉断。

1）刚性接口。刚性接口是由套管和填料组成，套管有铸铁套管和石棉水泥套管，其强度一般不得低于管子的强度。根据填料不同，石棉水泥管的刚性接口有石棉水泥接口、自应力水泥（膨胀水泥）砂浆接口和胶黏剂接口等。目前常用的是石棉水泥接口，工作压力可达 0.7 MPa。其填缝材料使用油麻和石棉水泥，填麻长度占套管长度的 1/3~1/5，油麻和石棉水泥需要分层填打密实。

2）柔性接口。柔性接口按构造不同，可分为套箍式、法兰式和套箍式单面柔性接口。常用的是人字箍和胶圈柔性接口，这种接口承压高达 1.4 MPa。人字箍铸件内外须平滑，无疵痕、蜂窝、凸凹等缺陷；胶圈物理性能应符合设计规定；铸铁人字箍及胶皮圈的尺寸误差不得超出设计允许范围；套用人字箍的管子的管端必须平滑。施工时，人字箍要放在正中，不能倾斜或偏于一侧；紧螺栓时，一定要对称拧紧，以防受力不均扭断法兰盘。

3. 管道安装

（1）画线下料。

1）根据管道长度，以尽量减少固定（死口）接口和承插口集中设置为原则，在切割处做好标记。

2）采用机械切割和手工切割，切割后，应将切口内外清理干净。

（2）工作坑开挖。向沟内下管前，在管沟内的管段接口处或钢管焊口处，挖好工作坑坑口。

（3）下管。

1）用绳或机具缓慢向管沟内下管。

2）根据已确定的位置、标高，在管沟内按照承口朝来水方向排列已选好的铸铁管、管件。

3）对好管段接口，调直管道，核对管径、位置、高程、坡度无误后，从低处向高处连接其他固定接口。

4. 管道试压

室外排水管道安装完毕后，应进行压力试验。埋地给水压力管道应在覆土前进行水压试验，排水无压管道应进行闭水试验。

室外排水管道，由于为无压力管道，故只试水不加压力，常称作闭水（灌水）试验。对于室外非金属污水管道，必须做闭水试验；雨水管道和与雨水性质相近似的管道除大孔性土壤及水源地区外，可不做闭水试验。

（1）闭水试验应在管道铺设完毕且覆土开始前进行。试验时，应对接口和管身进行外观检查，以无漏水和无严重渗水现象为合格；排出带有腐蚀性污水的管道，不允许渗漏。

（2）闭水试验一般应在管道灌满水，1~2昼夜后进行渗水量测定，测定的时间应不小于30 min。如设计无要求时，闭水试验可按下述规定进行：

1）在潮湿土壤中，检查地下水渗入管中的水量，可根据地下水的水平线而定：地下水位超过管顶1~4 m；地下水位超过管顶4 m以上，则每增加水头1 m允许增加渗入水量10%。

2）在干燥土壤和地下水位不高于管顶2 m的潮湿土壤中，检查管道的渗出水量，其充水高度应高出上游检查井内管顶4 m。

5. 管沟回填

（1）管道经验收合格后，管沟方可进行回填。

（2）管沟回填时，以两侧对称下土，水平方向均匀地摊铺，用木夯捣实。管道两侧直到管顶0.5 m以内的回填土必须分层人工夯实，回填土分层厚度200~300 mm，同时防止管道中心线位移及管口受到振动松动；管顶0.5 m以上可采用机械分层夯实，回填土分层厚度250~400 mm，各部位回填土干密度应符合设计和有关规范规定。

（3）沟槽若有支撑，随同回填土逐步拆除，横撑板的沟槽，先拆撑后填土，自下而上拆卸支撑；若用支撑板或板桩时，可在回填土后再拔出，拔出后立刻灌砂充实；如拆除支撑不安全，可以保留下撑。

（4）沟槽内有积水必须排除后方可回填。

参考文献

［1］李兴刚. 如何识读暖通空调施工图［M］. 北京：机械工业出版社，2019.

［2］陈东明. 建筑给排水·暖通空调施工图快速识读［M］. 合肥：安徽科学技术出版社；时代出版传媒股份有限公司，2019.

［3］吴嫡. 建筑给水排水与暖通空调施工图识图100例［M］. 天津：天津大学出版社，2019.

［4］姚杨. 暖通空调热泵技术［M］. 北京：中国建筑工业出版社，2019.

［5］江克林. 暖通空调节能减排与工程实例［M］. 北京：中国电力出版社，2019.

［6］石晓明. 暖通CAD［M］. 北京：机械工业出版社，2020.

［7］张华伟. 暖通空调节能技术研究［M］. 北京：新华出版社，2020.

［8］周震，王奎之，秦强. 暖通空调设计与技术应用研究［M］. 北京：北京工业大学出版社，2020.

［9］余俊祥，高克文，孙丽娟. 疾病预防控制中心暖通空调设计［M］. 杭州：浙江大学出版社，2020.

［10］张华伟. 建筑暖通空调设计技术措施研究［M］. 北京：新华出版社，2020.

［11］韩吉田. 制冷及暖通空调学科发展与教学研究·第十届全国高等院校制冷及暖通空调学科发展与教学研讨会论文集［M］. 济南：山东大学出版社，2020.

［12］王子云. 暖通空调技术［M］. 北京：科学出版社，2020.

［13］晁岳鹏，宋全团，张会粉. 暖通空调安装与自动化控制［M］. 长春：吉林科学技术出版社，2020.

［14］刘炳强，王连兴，刁春峰. 建筑结构设计与暖通工程研究［M］. 长春：吉林科学技术出版社，2020.

［15］史洁，徐桓. 暖通空调设计实践［M］. 上海：同济大学出版社，2021.

［16］平良帆，吴根平，杜艳斌. 建筑暖通空调及给排水设计研究［M］. 长春：吉林科学技术出版社，2021.

［17］张承虎，刘京，谭羽非. 暖通燃气学科发展历史与学风传承［M］. 哈尔滨：哈尔滨工业大学出版社，2021.

［18］连之伟. 民用建筑暖通空调设计室内外计算参数导则［M］. 上海：上海科学技术出版社，2021.

［19］李琦波. 中小学校暖通设计实用指南［M］. 北京：中国建筑工业出版社，2021.

［20］孟建民. 建筑工程设计常见问题汇编·暖通分册［M］. 北京：中国建筑工业出版社，2021.

［21］李响，桑春秀，王桂珍. 建筑工程与暖通技术应用［M］. 长春：吉林科学技术出版社，2022.

［22］梁庆庆，张伟伟. 酒店建筑暖通设计标准实施指南及工程实录［M］. 上海：同济大学出版社，2022.

［23］王智忠. 建筑给排水及暖通施工图设计常见错误解析［M］. 合肥：安徽科学技术出版社，2022.

［24］刘汉华. 医院暖通空调节能设计及案例［M］. 北京：中国建筑工业出版社，2022.

［25］王利霞. 暖通空调节能技术与应用研究［M］. 北京：中国纺织出版社，2022.

［26］杨贵生. 地铁暖通空调及给排水系统设备设施安装［M］. 北京：中国铁道出版社，2022.

［27］于磊鑫，袁登峰，段桂芝. 建筑节能与暖通空调节能技术研究［M］. 哈尔滨：哈尔滨出版社，2023.

［28］党天伟，魏旭春. 暖通空调技术［M］. 天津：天津大学出版社，2023.

［29］张振迎. 暖通空调安装与调试［M］. 成都：电子科学技术大学出版社，2023.

［30］高克文. 实验动物设施暖通空调设计［M］. 杭州：浙江大学出版社，2023.

［31］刘春蕾. 暖通空调现代控制技术［M］. 北京：机械工业出版社，2023.

［32］杨毅，田向宁. 暖通空调工程常见问题解析［M］. 杭州：浙江大学出版社，2023.

［33］杨晋明. 基于自组态的暖通空调系统自动化［M］. 北京：中国建筑工业出版社，2023.

［34］石岩，周明军，罗安. 建筑工程施工与暖通消防技术应用［M］. 长春：吉林科学技术出版社，2023.